ISSN 0044-2267

ZEITSCHRIFT FÜR ANGEWANDTE MATHEMATIK UND MECHANIK

INGENIEURWISSENSCHAFTLICHE FORSCHUNGSARBEITEN

BAND 62 | 1982 | HEFT 3

AUS DEM INHALT

THEORIA CUM PRAXI

AKADEMIE-VERLAG · BERLIN

ZAMM | Bd. 62 | Nr. 3 | S. 141–212 | Berlin, März 1982

EVP 18,— M

34115

INHALT

Wir bitten, **Manuskriptsendungen** zweifach (Original und eine Kopie, sprachlich einwandfrei, Formeln mit Maschine oder in Druckschrift geschrieben) an folgende Anschrift zu richten:

Zeitschrift für Angewandte Mathematik und Mechanik z. Hd. Herrn Prof. Dr. Günter Schmidt
Institut für Mechanik der Akademie der Wissenschaften der DDR
DDR-1199 Berlin, Rudower Chaussee 5

Zu den Arbeiten, die als Hauptaufsätze bestimmt sind, ist auf gesondertem Blatt eine Zusammenfassung von 5 bis 10 Zeilen in englischer und (möglichst) deutscher und russischer Sprache beizufügen. Ausführliche Hinweise für die Autoren, um deren strikte Berücksichtigung gebeten wird, finden sich im Anschluß an das Inhaltsverzeichnis des Jahrganges **61** (1981).

Die Autoren erhalten von den Hauptaufsätzen 75, von den Kleinen Mitteilungen 25 Sonderdrucke ohne Berechnung, darüber hinaus weitere Sonderdrucke gegen Berechnung.

Der Verlag behält sich für alle Beiträge das Recht der Vervielfältigung und Übersetzung vor.

Bestellungen sind zu richten

- **in der DDR** an den Postzeitungsvertrieb unter Angabe der Kundennummer des Bestellenden oder an den AKADEMIE-VERLAG, DDR-1086 Berlin, Leipziger Str. 3—4
- **im sozialistischen Ausland** an eine Buchhandlung für fremdsprachige Literatur oder an den zuständigen Postzeitungsvertrieb
- **in der BRD und Berlin (West)** an eine Buchhandlung oder an die Auslieferungsstelle KUNST UND WISSEN, Erich Bieber OHG, D-7000 Stuttgart 1, Wilhelmstraße 4—6
- **in den übrigen westeuropäischen Ländern** an eine Buchhandlung oder an die Auslieferungsstelle KUNST UND WISSEN, Erich Bieber GmbH, CH-8008 Zürich, Dufourstraße 51
- **im übrigen Ausland** an den Internationalen Buch- und Zeitschriftenhandel; den Buchexport, Volkseigener Außenhandelsbetrieb der Deutschen Demokratischen Republik, DDR-7010 Leipzig, Postfach 160; oder an den AKADEMIE-VERLAG, DDR-1086 Berlin, Leipziger Straße 3—4

ZEITSCHRIFT FÜR ANGEWANDTE MATHEMATIK UND MECHANIK
Herausgeber und Chefredakteur: Prof. Dr. Günter Schmidt. Redaktion: Dr. Winfried Heinrich, Dr. Horst Weinert, Dipl.-Math. Friedhild Dudel, Bernhilde Schwertfeger, Institut für Mechanik der Akademie der Wissenschaften der DDR. Verlag: Akademie-Verlag, DDR-1086 Berlin, Leipziger Straße 3—4; Fernruf: 2236119; Telex-Nr.: 114420; Bank: Staatsbank der DDR, Berlin, Kto.-Nr.: 6836-20712. Anschrift der Redaktion: Institut für Mechanik der Akademie der Wissenschaften, DDR-1199 Berlin, Rudower Chaussee 5; Fernruf: 6743643 u. 6743639

Veröffentlicht unter der Lizenznummer 1282 des Presseamtes beim Vorsitzenden des Ministerrates der Deutschen Demokratischen Republik. Gesamtherstellung: VEB Druckerei „Thomas Müntzer", 5820 Bad Langensalza. Erscheinungsweise: Die Zeitschrift für Angewandte Mathematik und Mechanik erscheint monatlich. Die 12 Hefte eines Jahres einschließlich Tagungsheft bilden einen Band. Bezugspreis je Band 360,— M zuzüglich Versandspesen (Preis für die DDR 216,— M). Bezugspreis je Heft 30,— M (Preis für die DDR 18,— M). Bestellnummer dieses Heftes: 1009/62/3.

AN (EDV) 35937

ASMW

ZAMM 62, 141–169 (1982)

A. RENGER

Theorie der Bewegung eines Radsatzes auf geradem Gleis mit stochastischen Gleislagefehlern

Für die Bewegung eines elastisch gefesselten Radsatzes wird eine Theorie erster Ordnung entwickelt, in der in Verallgemeinerung der Arbeit [1] *von de Pater nicht nur das elastische Rad-Schiene-Kontaktproblem sondern auch stochastische Gleisunebenheiten berücksichtigt werden. Die Normalkraftschwankungen werden ebenfalls in Rechnung gestellt. Infolge der hochgradig nichtlinearen kinematischen Zwangsbedingungen entstehen auch im Rahmen einer Theorie erster Ordnung bereits nichtlineare Bewegungsgleichungen. Für den allgemeinen Fall erhalten wir ein System von vier gekoppelten nichtlinearen Gleichungen, das durch vier Zufallsfunktionen stochastisch erregt wird. Nach einer Linearisierung der Bewegungsgleichungen entkoppeln sich die symmetrischen von den lateralen Bewegungen. Die symmetrischen Bewegungen bleiben dann immer stabil und werden nur durch die Spurweitenfehlerfunktion stochastisch erregt. Im Gegensatz hierzu ergibt sich für die lateralen Bewegungen ein kombiniertes selbst- und stochastisch fremderregtes Schwingungssystem, wobei die Selbsterregung durch den elastischen Rollkontakt von Rad und Schiene und die stochastische Fremderregung durch die seitliche Richtungsfehlerfunktion und die gegenseitige Höhenlagefehlerfunktion des Gleiskörpers bedingt ist.*

A first order theory is developed for the motion of a wheelset connected with a vehicle frame by means of elastic springs. Generalizing the paper [1] *by de Pater, not only the elastic rolling contact of wheel and rail but also stochastic imperfections of a real straight track are taken into account. Likewise the changes of normal forces are considered. Because of the strongly nonlinear kinematic constraints we get — already in the framework of a first order theory — nonlinear equations of motion. In the general case we get a system of four coupled nonlinear equations, randomly excited by four random functions. After a linearization the symmetrical motions decouple from the lateral motions. Then the symmetrical motions are always stable and they are excited randomly only by the gauge irregularity. Opposite to this we obtain for the lateral motions a combined self-excited and randomly forced vibration system, where the self-excitation is caused by the elastic rolling contact of wheel and rail and the random excitation is caused by the alignement and cross-level of the track.*

В работе развита теория первого порядка для движения упруго закреплённого колёсного ската, которая, обобщая работу [1] де Патера, учитывает не только упругий контакт между колесом и рельсом, но и случайные неровности колеи. Кроме этого учитываются также изменения нормальной силы. Вследствие в высокой степени нелинейных кинематических условий связи, уравнения движения получаются нелинейными уже в рамках теории первого порядка. В общем случае получается система четырёх нелинейных обыкновенных дифференциальных уравнений, которая возбуждается четыръмя случайными функциями. После линеаризации уравнений симметричные движения не зависят от боковых движений. Симметричные движения будут всегда устойчивы и возбуждаются стохастически функцией ошибок ширины колеи. В противоположность этому, для боковых движений получается колебательная система с комбинированным возбуждением — самовозбуждением и случайным внешним возбуждением, причём, самовозбуждение обусловлено упругим контактом качения между колесом и рельсом, а случайное внешнее возбуждение — функцией ошибок направления бокового движения и функцией ошибок высоты положению рельсов колеи.

1. Einleitung

In der Dynamik der Schienenfahrzeuge spielt das Bewegungsverhalten der Radsätze infolge des Kontaktes mit dem Gleis eine fundamentale Rolle. Der Radsatz ist in dynamischer Hinsicht gleichzeitig das am kompliziertesten zu behandelnde Element eines Schienenfahrzeuges.

Bekannt ist, daß der Radsatz aufgrund der Konizität der Räder bei z. B. durch Gleisunregelmäßigkeiten verursachten seitlichen Störungen aus der zentralen Position sich mittels des sogenannten „Sinuslaufes" selbst zentrieren kann, ohne daß die Radflanke als seitlicher Begrenzer schon eingreifen muß. Die Erfahrung zeigt weiter, daß diese gewünschte Führungsbewegung bei großen Geschwindigkeiten leider instabil wird; der „Sinuslauf" geht dann in den sogenannten „Zickzacklauf" über, bei dem es zum ständigen Anschlagen der Radflanken kommt. Dieser lauftechnisch sehr ungünstige „Zickzacklauf" ist das Ergebnis eines Selbsterregungseffektes, der erklärt werden kann, wenn man Rad und Schiene am Berührungspunkt als elastische Körper auffaßt und die Gleichungen des rollenden Kontaktes elastischer Körper entsprechend der KALKERschen Theorie [2] einführt. Auf einem (praktisch nicht möglichen) perfekt geraden Gleis tritt dieser eine Grenzzykelbewegung darstellende selbsterregte Zickzacklauf bei einer wohldefinierten kritischen Geschwindigkeit auf, während unterhalb dieses Wertes völlige Laufruhe herrscht. Unter realen Verhältnissen erfolgt dieser Übergang jedoch mehr stetig, weil aufgrund der stets vorhandenen stochastischen Erregungen infolge der Gleisunregelmäßigkeiten der Radsatz auch unterhalb der kritischen Grenzgeschwindigkeit beträchtliche fremderregte Schwingungsbewegungen ausführen kann, die sich als stochastische Schmalbandschwingung mit statistisch verteilter Amplitude äußern.

Typisch ist, daß auch hier bereits Radflankenkontakte auftreten können, da bereits durch kleine seitliche Verschiebungen um wenige Millimeter die Kontaktverhältnisse von Rad und Schiene wesentlich geändert werden. Dies äußert sich in hochgradig nichtlinearen geometrischen Zwangsbedingungen, sodaß für eine realistische Berechnung nichtlineare Bewegungsgleichungen in Rechnung gestellt werden sollten. Gegenstand der vorliegenden Arbeit ist die Aufstellung derartiger Bewegungsgleichungen, wobei auch die stochastischen Gleislagefehler berücksichtigt werden. Dabei konnten wir uns in wesentlichen Punkten vor allem auf die grundlegende Arbeit [1] von DE PATER stützen. Dort fanden allerdings die stochastischen Gleislagefehler noch keine Berücksichtigung. Dadurch wird insbesondere das Abtastproblem von Rad und Schiene komplizierter und die parasitäten Schwingungsbewegungen des Radsatzes stellen sich nicht nur mehr als ein selbsterregtes sondern als ein kombiniertes selbst-, parameter- und fremderregtes Schwingungsproblem dar.

2. Formulierung der Zwangsbedingungen

Wir legen unseren Betrachtungen den in Bild 1 dargestellten angetriebenen Radsatz zugrunde, der in einem Rahmen elastisch gelagert ist, wobei — wie üblich bei der Untersuchung der Radsatzbewegungen — die Rahmenmasse sehr viel größer als die Masse des Radsatzes oder die elastische Anlenkung des Radsatzes an den Rahmen (Drehgestell) relativ weich sei.

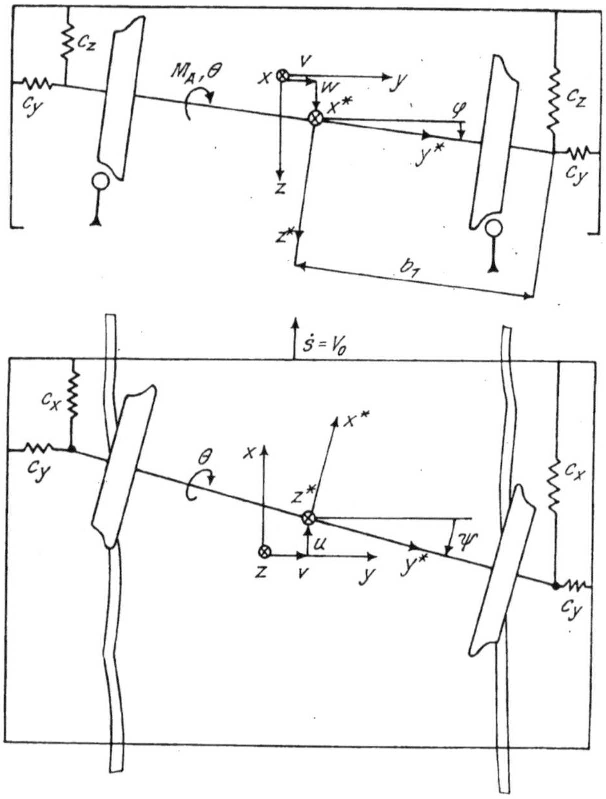

Bild 1. Radsatzsystem

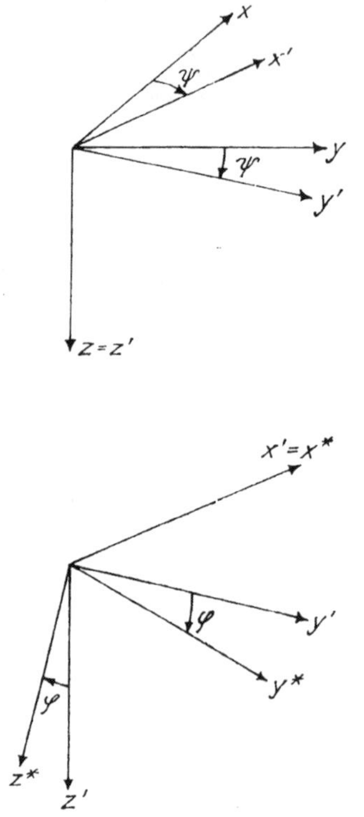

Bild 2. Eulersche Winkel ψ und φ

In beiden Fällen kann dann näherungsweise angenommen werden, daß der Rahmen im Vergleich zum Radsatz keine nennenswerten Schwingungsbewegungen ausführt, sondern sich nur mit der konstanten Geschwindigkeit v_0 vorwärtsbewegt. Mit ihm verbunden ist das (bis auf die Vorwärtsbewegung raumfeste) Inertialkoordinatensystem x, y, z, während x^*, y^*, z^* ein radsatzkörperfestes Koordinatensystem bezeichnet, das allerdings nicht die Rotation Θ des Radsatzes um seine Drehachse mitmacht, sondern nur die Gier- und Wankbewegungen ψ und φ. Die präzise Definition von ψ und φ entnimmt man Bild 2, wo hervorgeht, daß man vom x, y, z-System zum x^*, y^*, z^*-System gelangt, indem man zunächst mit dem Winkel ψ um die Hochachse z und dann mit dem Winkel φ um die $x' = x^*$-Längsachse dreht. Somit sind ψ und φ gerade die beiden ersten Eulerschen Winkel. Mit u, v, w sind die translatorischen Bewegungen des Radsatzschwerpunktes gegenüber dem Rahmen bezeichnet. Die eingeführten stochastischen Gleisunregelmäßigkeiten, die Funktionen der Wegkoordinate s ($\dot{s} = v_0$) sind, entnimmt man Bild 3. Statt der vertikalen und seitlichen Verschiebungen Z_{1s}, Y_{1s} der rechten Schiene und der linken Schiene Z_{2s}, Y_{2s} benutzen wir meistens die Gleislagekoordinaten

$$w_G = \frac{1}{2}(Z_{1s} + Z_{2s}), \qquad v_G = \frac{1}{2}(Y_{1s} + Y_{2s}), \qquad g = Y_{1s} - Y_{2s}, \qquad \varphi_G = \frac{1}{2b}(Z_{1s} - Z_{2s}), \qquad (2.1)$$

die nacheinander als vertikaler Richtungsfehler, seitlicher Richtungsfehler (alignement), Spurweitenfehler (gauge) und Höhenlagefehler (cross-level) des Gleiskörpers bezeichnet werden.

Eventuelle zusätzliche relative Verdrehungen der beiden Schienen gegenüber dem Gleiskörper werden vernachlässigt, da sie klein im Vergleich zur Verdrehung φ_G des Gleiskörpers sein dürften, denn die Gleislagefehler stellen sich im Laufe der Zeit vor allem durch plastische Deformationen infolge der Gleisbettnachgiebigkeit ein, die stets den Gleiskörper als Ganzes betreffen. Ferner wird vorausgesetzt, daß eine von der Wegkoordinate s unabhängige Schienenkopfprofilfunktion $f(\eta_l)$ definiert werden kann (siehe Bild 9), die bei eventuell vorhandener signifikanter Abhängigkeit von s als Mittelwertfunktion zu interpretieren ist. Es sei noch bemerkt, daß der in den letzten Jahren häufig vorgeschlagene Weg, die Rollinie als stochastische Störgröße zugrunde zulegen, die die seit-

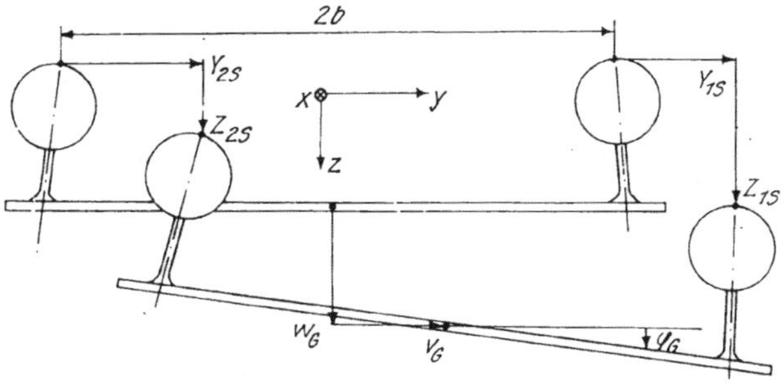

Bild 3. Stochastische Gleislagefehler

liche Verschiebung des Randsatzschwerpunktes bei gleichem Rollradius des linken und rechten Rades mißt, so daß auch relative Verdrehungen der Schienen und Änderungen der Schienenkopfprofilfunktion berücksichtigt sind, vom Autor bewußt nicht beschritten wird, weil damit zu einseitig auf die Rollradiendifferenz als einzige Störgröße orientiert wird und sich kein logisch geschlossenes Konzept bei der Formulierung der Kontaktkräfte aufbauen läßt.

Da der Radsatz auf den beiden Schienen zwangsgeführt wird, sind die sechs Koordinaten u, v, w, ψ, φ, Θ nicht voneinander unabhängig. Zur Bestimmung der entsprechenden Zwangsbedingungen benötigt man die Lage der beiden Kontaktpunkte von Rad und Schiene in einer beliebig ausgelenkten Position. Man kann sie bestimmen aus den folgenden beiden Bedingungen:

1. Im Berührungspunkt müssen der Normalenvektor, der senkrecht auf der Radsatzoberfläche steht, und der Normalenvektor, der senkrecht zur Schienenoberfläche gerichtet ist, identisch sein.
2. Radsatz- und Schienenkontaktpunkt sind im Raum jeweils ein und derselbe Punkt.

Zur mathematischen Formulierung dieser beiden Bedingungen müssen wir zunächst noch einige weitere Koordinatensysteme und entsprechende Transformationsmatrizen bereitstellen: Bezeichnen wir mit $\mathfrak{i}$, $\mathfrak{j}$, $\mathfrak{k}$ jeweils die entsprechenden Einheitsvektoren in x, y, z-Richtung, so findet man anhand von Bild 2 zunächst die beiden Beziehungen

$$\begin{pmatrix}\mathfrak{i}'\\ \mathfrak{j}'\\ \mathfrak{k}'\end{pmatrix} = \begin{pmatrix}\cos\psi & \sin\psi & 0\\ -\sin\psi & \cos\psi & 0\\ 0 & 0 & 1\end{pmatrix}\begin{pmatrix}\mathfrak{i}\\ \mathfrak{j}\\ \mathfrak{k}\end{pmatrix}, \quad \begin{pmatrix}\mathfrak{i}^*\\ \mathfrak{j}^*\\ \mathfrak{k}^*\end{pmatrix} = \begin{pmatrix}1 & 0 & 0\\ 0 & \cos\varphi & \sin\varphi\\ 0 & -\sin\varphi & \cos\varphi\end{pmatrix}\begin{pmatrix}\mathfrak{i}'\\ \mathfrak{j}'\\ \mathfrak{k}'\end{pmatrix}.$$

Beide zusammen ergeben die Relation

$$\begin{pmatrix}\mathfrak{i}^*\\ \mathfrak{j}^*\\ \mathfrak{k}^*\end{pmatrix} = T_{\mathrm{R,Ra}}(\psi, \varphi)\begin{pmatrix}\mathfrak{i}\\ \mathfrak{j}\\ \mathfrak{k}\end{pmatrix} \tag{2.2}$$

mit der Transformationsmatrix (Tensor 2. Stufe)

$$T_{\mathrm{R,Ra}}(\psi, \varphi) = \begin{pmatrix}1 & 0 & 0\\ 0 & \cos\varphi & \sin\varphi\\ 0 & -\sin\varphi & \cos\varphi\end{pmatrix}\begin{pmatrix}\cos\psi & \sin\psi & 0\\ -\sin\psi & \cos\psi & 0\\ 0 & 0 & 1\end{pmatrix} = \begin{pmatrix}\cos\psi & \sin\psi & 0\\ -\sin\psi\cos\varphi & \cos\psi\cos\varphi & \sin\varphi\\ \sin\psi\sin\varphi & -\sin\varphi\cos\psi & \cos\varphi\end{pmatrix}. \tag{2.3a}$$

Irgendein Vektor, formuliert in den Komponenten des raumfesten $\mathfrak{i}$, $\mathfrak{j}$, $\mathfrak{k}$-Systems (R), hat im radsatzkörperfesten $\mathfrak{i}^*$, $\mathfrak{j}^*$, $\mathfrak{k}^*$-System (Ra) somit eine entsprechende Komponentendarstellung, die man gerade durch einfache Multiplikation mit der Matrix $T_{\mathrm{R,Ra}}(\psi, \varphi)$ erhält. Die entsprechende inverse Transformation eines Vektors vom radsatzkörperfesten zum raumfesten System erhält man aus (2.2) zu

$$\begin{pmatrix}\mathfrak{i}\\ \mathfrak{j}\\ \mathfrak{k}\end{pmatrix} = T^{-1}_{\mathrm{R,Ra}}(\psi, \varphi)\begin{pmatrix}\mathfrak{i}^*\\ \mathfrak{j}^*\\ \mathfrak{k}^*\end{pmatrix} = T^{T}_{\mathrm{R,Ra}}(\psi, \varphi)\begin{pmatrix}\mathfrak{i}^*\\ \mathfrak{j}^*\\ \mathfrak{k}^*\end{pmatrix} = T_{\mathrm{Ra,R}}(\psi, \varphi)\begin{pmatrix}\mathfrak{i}^*\\ \mathfrak{j}^*\\ \mathfrak{k}^*\end{pmatrix}$$

mit der Transformationsmatrix

$$T_{\mathrm{Ra,R}} = T^{T}_{\mathrm{R,Ra}} = \begin{pmatrix}\cos\psi & -\sin\psi\cos\varphi & \sin\psi\sin\varphi\\ \sin\psi & \cos\psi\cos\varphi & -\sin\varphi\cos\psi\\ 0 & \sin\varphi & \cos\varphi\end{pmatrix}. \tag{2.3b}$$

Die Radsatzverdrehungen ψ, φ sind in der Praxis sehr kleine Größen, so daß eine Theorie 1. Ordnung zulässig ist, nach der aus (2.3) näherungsweise

$$T_{\mathrm{R,Ra}} = \begin{pmatrix}1 & \psi & 0\\ -\psi & 1 & \varphi\\ 0 & -\varphi & 1\end{pmatrix}, \qquad T_{\mathrm{Ra,R}} = \begin{pmatrix}1 & -\psi & 0\\ \psi & 1 & -\varphi\\ 0 & \varphi & 1\end{pmatrix} \tag{2.4}$$

folgt.

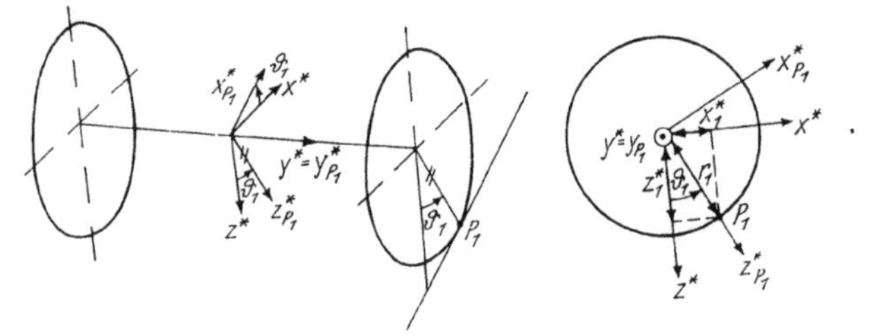

Bild 4. Zur Definition des $x^*_{P_l}$, $y^*_{P_l}$, $z^*_{P_l}$-Koordinatensystems

Infolge der Verdrehung ψ des Radsatzes um die Hochachse wandert der Kontaktpunkt des Rades jeweils aus der y^*, z^*-Ebene aus. Entsprechend Bild 4 — wo die Verhältnisse am Beispiel des rechten Rades dargestellt sind — führen wir deshalb das $x^*_{P_l}$, $y^*_{P_l}$, $z^*_{P_l}$-Koordinatensystem ($l = 1, 2$) ein. Dieses ist dadurch definiert, daß der Kontaktpunkt P_l in der $y^*_{P_l}$, $z^*_{P_l}$-Ebene liegt, wobei sich $l = 1$ auf den Kontaktpunkt des rechten Rades und $l = 2$ auf den des linken Rades bezieht. Für die Matrix der Richtungskosinusse zwischen dem x^*, y^*, z^*-System und dem $x^*_{P_l}$, $y^*_{P_l}$, $z^*_{P_l}$-System, deren Elemente identisch sind mit den Projektionen der entsprechenden Einheitsvektoren, wobei die Einheitsvektoren des $x^*_{P_l}$, $y^*_{P_l}$, $z^*_{P_l}$-Systems mit $\mathfrak{i}^*_l$, $\mathfrak{j}^*_l$, $\mathfrak{k}^*_l$ bezeichnet seien, hat man

	$\mathfrak{i}^*_l$	$\mathfrak{j}^*_l$	$\mathfrak{k}^*_l$
$\mathfrak{i}^*$	$\cos\vartheta_l$	0	$\sin\vartheta_l$
$\mathfrak{j}^*$	0	1	0
$\mathfrak{k}^*$	$-\sin\vartheta_l$	0	$\cos\vartheta_l$

.

Berücksichtigt man ferner die Beziehungen

$$\cos\vartheta_l = \frac{z^*_l}{r_l}, \qquad \sin\vartheta_l = \frac{x^*_l}{r_l}, \tag{2.5}$$

wobei mit x^*_l, z^*_l die Lagekoordinaten des Kontaktpunktes in Längsrichtung und in senkrechter Richtung — gemessen im radsatzkörperfesten x^*, y^*, z^*-System — bezeichnet sind und r_l der momentane Laufradius ist, so folgt

$$\begin{pmatrix} \mathfrak{i}^* \\ \mathfrak{j}^* \\ \mathfrak{k}^* \end{pmatrix} = T_{l,\mathrm{Ra}}(x^*_l, z^*_l, r_l) \begin{pmatrix} \mathfrak{i}^*_l \\ \mathfrak{j}^*_l \\ \mathfrak{k}^*_l \end{pmatrix} \tag{2.6}$$

mit der vom $x^*_{P_l}$, $y^*_{P_l}$, $z^*_{P_l}$- zum radsatzkörperfesten x^*, y^*, z^*-System vermittelnden Matrix

$$T_{l,\mathrm{Ra}} = \begin{pmatrix} \frac{z^*_l}{r_l} & 0 & \frac{x^*_l}{r_l} \\ 0 & 1 & 0 \\ -\frac{x^*_l}{r_l} & 0 & \frac{z^*_l}{r_l} \end{pmatrix}. \tag{2.6a}$$

Wir führen ferner entsprechend Bild 5 in den beiden Kontaktpunkten jeweils ein rechtwinkliges Koordinatensystem ein, das durch die Einheitsvektoren $\mathfrak{t}_{xl}$, $\mathfrak{t}_{yl}$, $\mathfrak{n}_l$ definiert ist. Hierbei ist $\mathfrak{n}_l$ der auf der Radoberfläche senkrecht stehende Normalenvektor, während $\mathfrak{t}_{xl}$ und $\mathfrak{t}_{yl}$ in der Tangentialebene der Radoberfläche liegende Einheitsvektoren sind, wobei $\mathfrak{t}_{xl}$ in Rollrichtung des Rades und $\mathfrak{t}_{yl}$ senkrecht dazu zeigt. Das $\mathfrak{t}_{xl}$, $\mathfrak{t}_{yl}$, $\mathfrak{n}_l$-Koordinatensystem ergibt sich aus dem $x^*_{P_l}$, $y^*_{P_l}$, $z^*_{P_l}$-System gerade dadurch, daß man letzteres um den Winkel γ^*_l dreht. Somit besteht der Zusammenhang

	$\mathfrak{t}_{xl}$	$\mathfrak{t}_{yl}$	$\mathfrak{n}_l$
$\mathfrak{i}^*_l$	1	0	0
$\mathfrak{j}^*_l$	0	$\cos\gamma^*_l$	$\pm\sin\gamma^*_l$
$\mathfrak{k}^*_l$	0	$\mp\sin\gamma^*_l$	$\cos\gamma^*_l$

oder

$$\begin{pmatrix} \mathfrak{i}^*_l \\ \mathfrak{j}^*_l \\ \mathfrak{k}^*_l \end{pmatrix} = T_{P_l,l}(\gamma^*_l) \begin{pmatrix} \mathfrak{t}_{xl} \\ \mathfrak{t}_{yl} \\ \mathfrak{n}_l \end{pmatrix}, \tag{2.7}$$

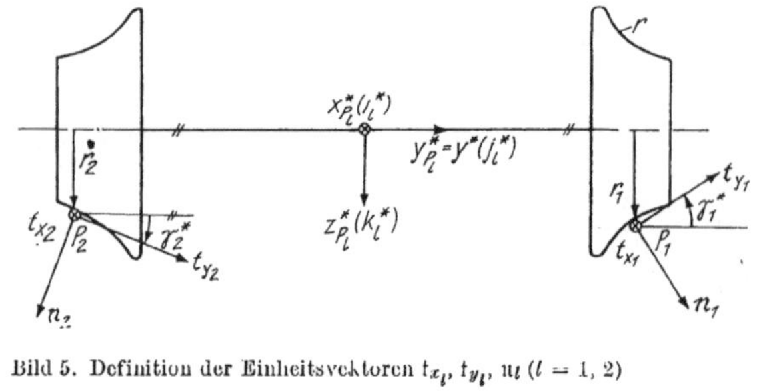

Bild 5. Definition der Einheitsvektoren $\mathfrak{t}_{x_l}$, $\mathfrak{t}_{y_l}$, $\mathfrak{n}_l$ ($l = 1, 2$)

mit der vom System der Einheitsvektoren im Punkt P_l zum $x^*_{P_l}$, $y^*_{P_l}$, $z^*_{P_l}$-System vermittelnden Matrix

$$T_{P_l,l}(\gamma_l^*) = \begin{pmatrix} 1 & 0 & 0 \\ 0 & \cos\gamma_l^* & \pm\sin\gamma_l^* \\ 0 & \mp\sin\gamma_l^* & \cos\gamma_l^* \end{pmatrix}; \qquad l = 1, 2 . \tag{2.7a}$$

Hierbei gilt — wie auch nachfolgend immer — die Verabredung, daß sich das obere Vorzeichen auf $l = 1$ und das untere Vorzeichen auf $l = 2$ bezieht.

Aufgrund der Beziehungen (2.6) bis (2.7a) besitzt nun der Radsatznormalenvektor $\mathfrak{n}_l$ im radsatzkörperfesten System x^*, y^*, z^* die Komponentendarstellung

$$(\mathfrak{n}_l)_{\text{Ra}} = T_{l,\text{Ra}} \cdot T_{P_l,l} \begin{pmatrix} 0 \\ 0 \\ 1 \end{pmatrix} = \begin{pmatrix} z_l^*/r_l & 0 & x_l^*/r_l \\ 0 & 1 & 0 \\ -x_l^*/r_l & 0 & z_l^*/r_l \end{pmatrix} \begin{pmatrix} 0 \\ \pm\sin\gamma_l^* \\ \cos\gamma_l^* \end{pmatrix} = \begin{pmatrix} \frac{x_l^*}{r_l}\cos\gamma_l^* \\ \pm\sin\gamma_l^* \\ \frac{z_l^*}{r_l}\cos\gamma_l^* \end{pmatrix}. \tag{2.8}$$

Wir kommen nun zur Formulierung des Normalenvektors, der senkrecht auf der Schienenoberfläche steht: Hierbei haben wir zu berücksichtigen, daß es zu Neigungsänderungen der Schienenoberfläche kommt nicht nur aufgrund des Höhenlagefehlers φ_G (Bild 3) sondern auch infolge der seitlichen und vertikalen Verschiebungen Y_{ls} und Z_{ls}. Da diese Größen nämlich Funktionen der Wegkoordinate s sind, entstehen mit ihnen die Schienenneigungen

$$\alpha_l \approx \operatorname{tg}\alpha_l = \frac{\mathrm{d}Z_{ls}(s)}{\mathrm{d}s} = Z'_{ls}, \qquad \beta_l \approx \operatorname{tg}\beta_l = \frac{\mathrm{d}Y_{ls}(s)}{\mathrm{d}s} = Y'_{ls}; \qquad l = 1, 2 . \tag{2.9}$$

Wir führen deshalb ein schienenkörperfestes x_{ls}, y_{ls}, z_{ls}-Koordinantensystem ($l = 1, 2$) ein, das diese Verdrehungen mit ausführt, also immer genau tangential zur Schiene ausgerichtet ist. Man erhält es aus dem raumfesten x, y, z-System, indem man entsprechend Bild 6 nacheinander die dort aufgeführten Verdrehungen 1. bis 3. vornimmt.

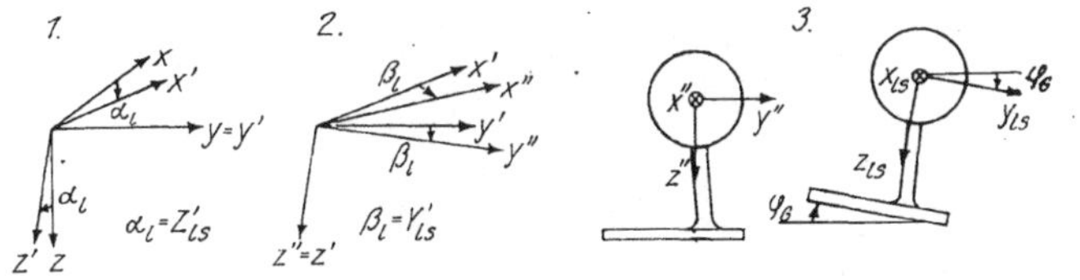

Bild 6. Zur Definition des schienenkörperfesten x_{ls}, y_{ls}, z_{ls}-Systems

Für die entsprechenden Einheitsvektoren ergeben sich im Rahmen einer Theorie 1. Ordnung, die infolge der außerordentlichen Kleinheit der Verdrehungen gerechtfertigt ist, die Relationen:

$$\begin{pmatrix} \mathfrak{i}' \\ \mathfrak{j}' \\ \mathfrak{k}' \end{pmatrix} = \begin{pmatrix} 1 & 0 & Z'_{ls} \\ 0 & 1 & 0 \\ -Z'_{ls} & 0 & 1 \end{pmatrix} \begin{pmatrix} \mathfrak{i} \\ \mathfrak{j} \\ \mathfrak{k} \end{pmatrix}, \qquad \begin{pmatrix} \mathfrak{i}'' \\ \mathfrak{j}'' \\ \mathfrak{k}'' \end{pmatrix} = \begin{pmatrix} 1 & Y'_{ls} & 0 \\ -Y'_{ls} & 1 & 0 \\ 0 & 0 & 1 \end{pmatrix} \begin{pmatrix} \mathfrak{i}' \\ \mathfrak{j}' \\ \mathfrak{k}' \end{pmatrix},$$

$$\begin{pmatrix} \mathfrak{i}_{ls} \\ \mathfrak{j}_{ls} \\ \mathfrak{k}_{ls} \end{pmatrix} = \begin{pmatrix} 1 & 0 & 0 \\ 0 & 1 & \varphi_G \\ 0 & -\varphi_G & 1 \end{pmatrix} \begin{pmatrix} \mathfrak{i}'' \\ \mathfrak{j}'' \\ \mathfrak{k}'' \end{pmatrix}.$$

Die Kombination dieser drei Gleichungen führt auf

$$\begin{pmatrix} \mathfrak{i}_{ls} \\ \mathfrak{j}_{ls} \\ \mathfrak{k}_{ls} \end{pmatrix} = T_{R,S}(Z'_{ls}, Y'_{ls}, \varphi_G) \begin{pmatrix} \mathfrak{i} \\ \mathfrak{j} \\ \mathfrak{k} \end{pmatrix} \tag{2.10}$$

mit der vom raumfesten zum schienenkörperfesten Koordinatensystem vermittelnden Transformationsmatrix

$$T_{R,S} = \begin{pmatrix} 1 & 0 & 0 \\ 0 & 1 & \varphi_G \\ 0 & -\varphi_G & 1 \end{pmatrix} \begin{pmatrix} 1 & Y'_{ls} & 0 \\ -Y'_{ls} & 1 & 0 \\ 0 & 0 & 1 \end{pmatrix} \begin{pmatrix} 1 & 0 & Z'_{ls} \\ 0 & 1 & 0 \\ -Z'_{ls} & 0 & 1 \end{pmatrix} = \begin{pmatrix} 1 & Y'_{ls} & Z'_{ls} \\ -Y'_{ls} & 1 & \varphi_G \\ -Z'_{ls} & -\varphi_G & 1 \end{pmatrix}, \tag{2.10a}$$

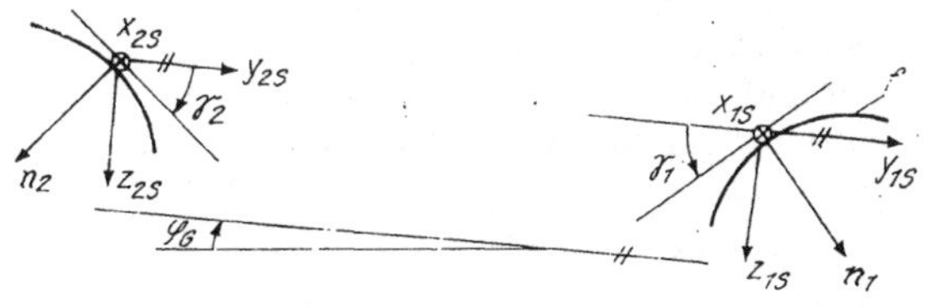

Bild 7. Schienennormalenvektor $\mathfrak{n}_l$ ($l = 1, 2$)

wobei entsprechend einer Theorie erster Ordnung Produkte von kleinen Größen wieder vernachlässigt wurden. Entsprechend Bild 7 hat der Schienennormalenvektor $\mathfrak{n}_{l_T}$ im schienenkörperfesten System die Komponentendarstellung $\mathfrak{n}_l^T = (0, \pm\sin\gamma_l, \cos\gamma_l)$ $(l = 1, 2)$. Im raumfesten Koordinatensystem ergibt sich aufgrund von (2.10) und (2.10a) dann die Komponentendarstellung

$$(\mathfrak{n}_l)_R = T_{R,S}^{-1} \begin{pmatrix} 0 \\ \pm\sin\gamma_l \\ \cos\gamma_l \end{pmatrix} = \begin{pmatrix} 1 & -Y'_{ls} & -Z'_{ls} \\ Y'_{ls} & 1 & -\varphi_G \\ Z'_{ls} & \varphi_G & 1 \end{pmatrix} \begin{pmatrix} 0 \\ \pm\sin\gamma_l \\ \cos\gamma_l \end{pmatrix} \approx \begin{pmatrix} \mp Y'_{ls}\sin\gamma_l - Z'_{ls}\cos\gamma_l \\ \pm\sin(\gamma_l \mp \varphi_G) \\ \cos(\gamma_l \mp \varphi_G) \end{pmatrix}. \tag{2.11}$$

Die in der ersten Bedingung geforderte Gleichheit von Radsatz- und Schienennormalenvektor führt unter Berücksichtigung von (2.11), (2.8), (2.2) und (2.4) somit auf

$$\begin{pmatrix} \dfrac{x_l^*}{r_l}\cos\gamma_l^* \\ \pm\sin\gamma_l^* \\ \dfrac{z_l^*}{r_l}\cos\gamma_l^* \end{pmatrix} = \begin{pmatrix} 1 & \psi & 0 \\ -\psi & 1 & \varphi \\ 0 & -\varphi & 1 \end{pmatrix} \begin{pmatrix} \mp Y'_{ls}\sin\gamma_l - Z'_{ls}\cos\gamma_l \\ \pm\sin(\gamma_l \mp \varphi_G) \\ \cos(\gamma_l \mp \varphi_G) \end{pmatrix},$$

und wieder unter Vernachlässigung der Produkte sehr kleiner Größen ausgewertet:

$$x_l^*\cos\gamma_l^* = r_l\,[\mp Y'_{ls}\sin\gamma_l - Z'_{ls}\cos\gamma_l \pm \psi\sin(\gamma_l \mp \varphi_G)]\,,$$

$$\pm\sin\gamma_l^* = \pm\sin[\gamma_l \mp (\varphi_G - \varphi)]\,, \qquad z_l^*\cos\gamma_l^* = r_l\cos[\gamma_l \mp (\varphi_G - \varphi)]\,. \tag{2.12}$$

Aus den beiden letzten Gleichungen folgt einfacher

$$\gamma_l^* = \gamma_l \mp (\varphi_G - \varphi)\,, \qquad z_l^* \approx r_l\,. \tag{2.13}$$

Wir kommen nun zur mathematischen Formulierung der zweiten Kontaktbedingung: Betrachten wir zunächst den Kontaktpunkt als zum Radsatz zugehörig, so gilt entsprechend Bild 8, wo die Verhältnisse am Beispiel des rechten Rades dargestellt sind, für den zum Kontaktpunkt P_1 zeigenden Radiusvektor $\mathfrak{r}_l^T = (x_l, y_l, z_l)$ $(l = 1, 2)$

$$\mathfrak{r}_l = \mathfrak{r}_s + \mathfrak{r}_l^*\,. \tag{2.14}$$

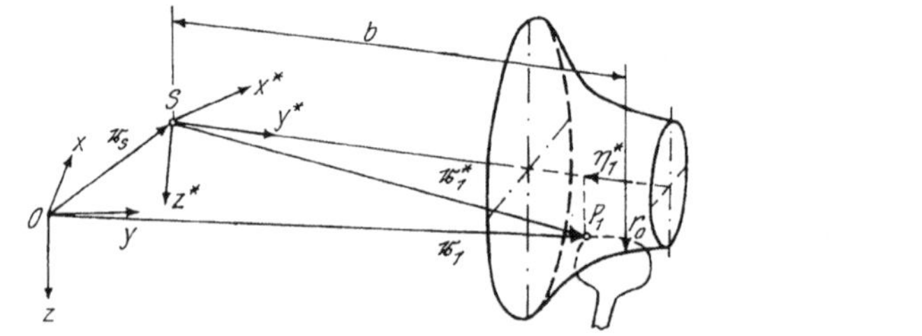

Bild 8. Zur Lagebestimmung des Radsatzkontaktpunktes des rechten Rades

Dabei gilt für die Auslenkung des Radsatzschwerpunktes

$$\mathfrak{r}_s^T = (u, v, w) \tag{2.14a}$$

und für den Vektor $\mathfrak{r}_l^*$

$$\mathfrak{r}_l^{*T} = (x_l^*, y_l^*, z_l^*) = (x_l^*, \pm(b - \eta_l^*), z_l^*)\,, \tag{2.15}$$

wenn mit η_l^* die in Richtung der Radsatzachse im Radsatzsystem gemessene seitliche Auswanderung des Radsatzkontaktpunktes gegenüber der Zentralposition mit dem Laufradius r_0 bezeichnet ist. Bei der Komponentendarstellung von (2.14) haben wir zu berücksichtigen, daß die Komponenten von $\mathfrak{r}_l$ und $\mathfrak{r}_s$ im raumfesten x, y, z-System ausgedrückt sind, $\mathfrak{r}_l^*$ dagegen im radsatzkörperfesten x^*, y^*, z^*-System. Unter Berücksichtigung von (2.2) und (2.4) folgt deshalb aus (2.14)

$$\begin{pmatrix} x_l \\ y_l \\ z_l \end{pmatrix} = \begin{pmatrix} u \\ v \\ w \end{pmatrix} + \begin{pmatrix} 1 & -\psi & 0 \\ \psi & 1 & -\varphi \\ 0 & \varphi & 1 \end{pmatrix} \begin{pmatrix} x_l^* \\ \pm(b - \eta_l^*) \\ z_l^* \end{pmatrix} = \begin{pmatrix} s + u + x_l^* \mp (b - \eta_l^*)\,\psi \\ v + \psi x_l^* \pm (b - \eta_l^*) - \varphi z_l^* \\ w \pm (b - \eta_l^*)\,\varphi + z_l^* \end{pmatrix}. \tag{2.16}$$

Betrachten wir nun die Lage des Kontaktpunktes auf der Schiene, so kann der Vektor $\mathfrak{r}_l$ entsprechend Bild 9 noch in ganz anderer Weise ausgedrückt werden: Im Bild 9 ist zum einen die Zentralposition des Radsatzes dargestellt, die sich ergibt, wenn sämtliche Auslenkungen des Radsatzes und die stochastischen Gleislagefehler zu Null gesetzt werden. Zum anderen ist die sich aufgrund der sochastischen Gleislagefehler ergebende ausgelenkte Position der Schiene sowie die Auswanderung η_1 des Kontaktpunktes P_1 auf der Schiene gegenüber der Zentralposition P_{10} infolge der Radsatzbewegungen dargestellt. (Der Übersichtlichkeit wegen wurde die ausgelenkte Position des Rades nicht mit eingezeichnet). Das Radprofil sei durch die Funktion $r(\eta_l^*)$ (mit $r(0) = r_0$) und das Profil der Schienenoberfläche durch die Funktion $f(\eta_l)$ (mit $f(0) = 0$) vorgegeben.

Es gilt

$$\mathfrak{r}_l = \overrightarrow{OP_l} = \overrightarrow{OP'_{l0}} + \overrightarrow{P_{l0}P'_{l0}} + \overrightarrow{P'_{l0}P_l}\,; \qquad l = 1, 2 \tag{2.17}$$

mit den im raumfesten x, y, z-System formulierten Komponentendarstellungen

$$\overrightarrow{OP_{l0}}^T = (0, \pm b, r_0)\,, \qquad \overrightarrow{P_{l0}P'_{l0}}^T = (0, Y_{ls}, Z_{ls})\,,$$

sowie dem Vektor

$$\overrightarrow{P'_{l0}P_l}^T = (x_{ls}, \mp\eta_l, f(\eta_l))\,,$$

der die Koordinaten des Kontaktpunktes auf der Schiene enthält, natürlich im schienenkörperfesten x_{ls}, y_{ls}, z_{ls}-System gemessen, denn nur in diesem System läßt sich die Schienenprofilfunktion $f(\eta_l)$ invariant formulieren. Aus (2.17) folgt deshalb unter Berücksichtigung von (2.10) und (2.10a)

$$\begin{pmatrix} x_l \\ y_l \\ z_l \end{pmatrix} = \begin{pmatrix} 0 \\ \pm b \\ r_0 \end{pmatrix} + \begin{pmatrix} 0 \\ Y_{ls} \\ Z_{ls} \end{pmatrix} + \begin{pmatrix} 1 & -Y'_{ls} & -Z'_{ls} \\ Y'_{ls} & 1 & -\varphi_G \\ Z'_{ls} & \varphi_G & 1 \end{pmatrix} \begin{pmatrix} x_{ls} \\ \mp\eta_l \\ f(\eta_l) \end{pmatrix}.$$

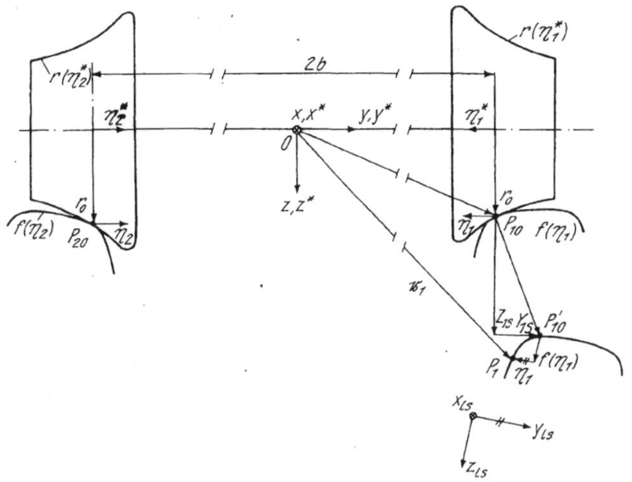

Bild 9. Zur Lagebestimmung des Schienenkontaktpunktes P_l

Gleichsetzen dieser Beziehung mit (2.16) liefert die Gleichungen

$$\begin{aligned} u + x_l^* \mp (b - \eta_l^*)\,\psi &= x_{ls} \pm \eta_l Y'_{ls} - Z'_{ls} f(\eta_l)\,, \\ v + \psi x_l^* \pm (b - \eta_l^*) - \varphi z_l^* &= \pm b + Y_{ls} + Y'_{ls} x_{ls} \mp \eta_l - \varphi_G f(\eta_l)\,, \\ w \pm (b - \eta_l^*)\,\varphi + z_l^* &= r_0 + Z_{ls} + Z'_{ls} x_{ls} \mp \eta_l \varphi_G + f(\eta_l)\,. \end{aligned} \tag{2.18}$$

Neben den Schwingungskoordinaten u, v, w, ψ, φ und den stochastischen Fehlerfunktionen Y_{ls}, Z_{ls}, Y'_{ls}, Z'_{ls}, φ_G können unter realen Bedingungen auch die Koordinaten η_l, η_l^*[1]) sowie die mit diesen Koordinaten verbundenen Zuwächse der Schienenprofilfunktion $f(\eta_l)$ und des momentanen Laufradiusses

$$\Delta r(\eta_l^*) = r_l - r_0 = r(\eta_l^*) - r_0 \tag{2.19}$$

als Größen angesehen werden, die von erster Ordnung klein sind. Das Gleiche trifft wegen (2.12) auch auf x_l^* zu. Entsprechende Produkte solcher Größen sind also im Rahmen einer Theorie erster Ordnung vernachlässigbar. Damit ergibt sich aus (2.18), wenn man noch die aus (2.1) folgenden Beziehungen

$$Y_{ls} = v_G \pm \frac{g}{2}\,, \qquad Z_{ls} = w_G \pm b\varphi_G \tag{2.20}$$

sowie entsprechend (2.13) $z_l^* = r_l = r(\eta_l^*)$ und damit $\varphi z_l^* = \varphi r_0 + \varphi \Delta r(\eta_l^*) \approx \varphi r_0$ berücksichtigt:

$$x_{ls} = u + x_l^* \mp \psi b\,, \qquad \eta_l = \eta_l^* + \frac{g}{2} \mp (v - v_G - r_0\varphi)\,, \qquad f(\eta_l) = \Delta r(\eta_l^*) + w - w_G \pm b(\varphi - \varphi_G)\,. \tag{2.21}$$

Führen wir noch die Größen

$$V = v - v_G - r_0\varphi_G\,, \qquad \Phi = \varphi - \varphi_G\,, \qquad W = w - w_G \tag{2.22}$$

ein, die nacheinander als relative seitliche Verschiebung, relative Verdrehung und relative vertikale Verschiebung des Radsatzes gegenüber dem Gleiskörper interpretiert werden können, so haben wir aus der Formulierung des Kontaktproblems entsprechend (2.12), (2.13) und (2.21) resümierend insgesamt die folgenden beiden Gleichungs-

[1]) Das Spurspiel beträgt nur wenige Millimeter.

systeme erhalten:

$$\gamma_l = \gamma_l^* \mp \Phi\,, \qquad \eta_l = \eta_l^* + \frac{g}{2} \mp (V - r_0\Phi)\,, \qquad f(\eta_l) = \Delta r(\eta_l^*) + W \pm b\Phi\,,$$
$$\operatorname{tg}\gamma_l^* = r'(\eta_l^*)\,, \qquad \operatorname{tg}\gamma_l = f'(\eta_l)\,; \qquad l = 1, 2 \tag{2.23a}$$

sowie

$$x_l^* = r_0\left[\left(\mp v_G' - \frac{g'}{2}\right)\operatorname{tg}\gamma_l - (w_G' \pm b\varphi_G') \pm \psi \operatorname{tg}\gamma_l\right],$$
$$x_{ls} = u + x_l^* \mp \psi b\,. \tag{2.23b}$$

Die beiden letzten Gleichungen in (2.23a) ergeben sich aufgrund der Bedeutung der Kontaktwinkel γ_l, γ_l^* entsprechend Bild 5 und 7. Das System (2.23a) besteht genau aus 10 Gleichungen für 10 Unbekannte, nämlich für η_l, η_l^*, γ_l, γ_l^*, W, Φ, die sämtlich in Abhängigkeit von g und $V = v - v_G - r_0\varphi_G$ ermittelt werden können:

$$\eta_l = \eta_l(g, V)\,, \qquad \eta_l^* = \eta_l^*(g, V)\,, \quad \ldots, \; W = W(g, V)\,, \qquad \Phi = \Phi(g, V)\,. \tag{2.24}$$

Mit den beiden letzten Gleichungen

$$w = w_G + W(g, v - v_G - r_0\varphi_G)\,, \qquad \varphi = \varphi_G + \Phi(g, v - v_G - r_0\varphi_G) \tag{2.25}$$

haben wir auch die gesuchten Zwangsbedingungen. Es zeigt sich also, daß im Rahmen einer Theorie erster Ordnung die Drehung um die Hochachse keinen Einfluß auf w und φ hat, sondern sich entsprechend (2.23b) näherungsweise nur in einer Verschiebung des Kontaktpunktes auf Rad und Schiene in x-Richtung niederschlägt. Setzt man in den obigen Beziehungen die stochastischen Gleisfehler zu Null, so erhält man die entsprechenden Relationen von De Pater in [1] (Gleichung 3.2.2 und 3.2.3).

Leider ist es nicht möglich, die Zwangsbedingungen (2.25) in analytischer Form aus dem Gleichungssystem (2.23a) zu ermitteln. Ursache hierfür ist die Nichtlinearität des Gleichungssystems infolge der nichtlinearen Profilfunktionen $f(\eta_l)$ und $r(\eta_l^*)$. Dies ist eine entscheidende Ursache für die Kompliziertheit des vorliegenden Problems, insbesondere dafür, daß die Bewegungsgleichungen auch im Rahmen einer Theorie erster Ordnung hochgradig nichtlinear werden.

Die explizite Bestimmung der Zwangsbedingungen (2.25) und daraus abgeleiteter und im folgenden benötigter Größen durch numerische Lösung des nichtlinearen Gleichungssystems (2.23a) in Abhängigkeit von konkreten Profilfunktionen f und r wird in [9] behandelt, so daß hier nicht näher darauf eingegangen wird. Für die Aufstellung der Bewegungsgleichungen benötigt man vorerst jedoch nur die Zwangsbedingungen zwischen den entsprechenden virtuellen Verrückungen $\delta\gamma_l$, $\delta\gamma_l^*$, $\delta\eta_l$, $\delta\eta_l^*$, $\delta\Phi$, δW, δg, δV. Diese lassen sich explizit angeben, denn nach Bildung der Variationen der Bedingungsgleichungen (2.23a) ergibt sich ein lineares Gleichungssystem mit der nachfolgend aufgeführten Koeffizientenmatrix und rechten Seite:

$\delta\gamma_1$	$\delta\gamma_2$	$\delta\gamma_1^*$	$\delta\gamma_2^*$	$\delta\eta_1$	$\delta\eta_2$	$\delta\eta_1^*$	$\delta\eta_2^*$	$\delta\Phi$	δW	
1				$-1/\varrho_1 \cos\gamma_1$						0
	1				$-1/\varrho_2 \cos\gamma_2$					0
		1				$-1/\varrho_1^* \cos\gamma_1^*$				0
			1				$-1/\varrho_2^* \cos\gamma_2^*$			0
1		-1						1		0
	1		-1					-1		0
				1		-1		$-r_0$		$\frac{1}{2}\delta g - \delta V$
					1		-1	r_0		$\frac{1}{2}\delta g + \delta V$
				$\operatorname{tg}\gamma_1$		$-\operatorname{tg}\gamma_1^*$		$-b$	-1	0
					$\operatorname{tg}\gamma_2$		$-\operatorname{tg}\gamma_2^*$	b	-1	0

(2.26)

Hierbei sind sämtliche nicht aufgeführten Koeffizienten gleich Null und ferner sind mit ϱ_l bzw. ϱ_l^* der Krümmungsradius des Schienen- bzw. Radprofils im momentanen Kontaktpunkt P_l bezeichnet, die bekanntlich durch die Gleichungen

$$\frac{1}{\varrho_l} = \frac{f''(\eta_l)}{[1 + f'^2(\eta_l)]^{3/2}}\,, \qquad \frac{1}{\varrho_l^*} = \frac{r''(\eta_l^*)}{[1 + r'^2(\eta_l^*)]^{3/2}} \tag{2.27}$$

definiert sind. Das obige Gleichungssystem läßt sich noch „von Hand" lösen. Unter Vernachlässigung sehr kleiner Größen, wobei diese Vernachlässigungen infolge der unter realen Bedingungen bestehenden Ungleichung $|\varphi - \varphi_G| \ll \gamma_l, \gamma_l^*$ gerechtfertigt sind, ergeben sich die Lösungen

$$\delta\Phi = \frac{\frac{1}{2}(\operatorname{tg}\gamma_1 - \operatorname{tg}\gamma_2)}{2b - r_0(\operatorname{tg}\gamma_1 + \operatorname{tg}\gamma_2)}\,\delta g - \frac{(\operatorname{tg}\gamma_1 + \operatorname{tg}\gamma_2)}{2b - r_0(\operatorname{tg}\gamma_1 + \operatorname{tg}\gamma_2)}\,\delta V\,, \tag{2.28a}$$

$$\delta W = \frac{\frac{b}{2}(\operatorname{tg}\gamma_1 + \operatorname{tg}\gamma_2) - r_0 \operatorname{tg}\gamma_1 \operatorname{tg}\gamma_2}{2b - r_0(\operatorname{tg}\gamma_1 + \operatorname{tg}\gamma_2)}\,\delta g + \frac{b(\operatorname{tg}\gamma_2 - \operatorname{tg}\gamma_1)}{2b - r_0(\operatorname{tg}\gamma_1 + \operatorname{tg}\gamma_2)}\,\delta V\,, \tag{2.28b}$$

$$\delta\eta_l^* = \frac{\varrho_l^* \cos\gamma_l^*}{\varrho_l \cos\gamma_l - \varrho_l^* \cos\gamma_l^*}\left\{\frac{b - r_0 \operatorname{tg}\gamma_{3-l} \pm \frac{1}{2}\varrho_l \cos\gamma_l(\operatorname{tg}\gamma_1 - \operatorname{tg}\gamma_2)}{2b - r_0(\operatorname{tg}\gamma_1 + \operatorname{tg}\gamma_2)}\,\delta g \mp\right.$$

$$\mp \frac{2b + \varrho_l \cos\gamma_l(\operatorname{tg}\gamma_1 + \operatorname{tg}\gamma_2)}{2b - r_0(\operatorname{tg}\gamma_1 + \operatorname{tg}\gamma_2)}\,\delta V\Bigg\}, \tag{2.29a}$$

$$\delta\eta_l = \frac{\varrho_l \cos\gamma_l}{\varrho_l\cos\gamma_l - \varrho_l^*\cos\gamma_l^*}\Bigg\{\frac{b - r_0\operatorname{tg}\gamma_{3-l} \pm \frac{1}{2}\varrho_l^*\cos\gamma_l^*(\operatorname{tg}\gamma_1 - \operatorname{tg}\gamma_2)}{2b - r_0(\operatorname{tg}\gamma_1 + \operatorname{tg}\gamma_2)}\,\delta g \mp$$

$$\mp \frac{2b + \varrho_l^*\cos\gamma_l^*(\operatorname{tg}\gamma_1 + \operatorname{tg}\gamma_2)}{2b - r_0(\operatorname{tg}\gamma_1 + \operatorname{tg}\gamma_2)}\,\delta V\Bigg\}, \tag{2.29b}$$

$$\delta\gamma_l^* = \frac{\delta\eta_l^*}{\varrho_l^*\cos\gamma_l^*}, \qquad \delta\gamma_l = \frac{\delta\eta_l}{\varrho_l\cos\gamma_l}, \qquad l = 1, 2\,. \tag{2.30a), (2.30b}$$

Ein Vergleich von (2.24) mit (2.28) zeigt wegen

$$\delta W = \frac{\partial W}{\partial g}\,\delta g + \frac{\partial W}{\partial V}\,\delta V\,, \qquad \delta\Phi = \frac{\partial\Phi}{\partial g}\,\delta g + \frac{\partial\Phi}{\partial V}\,\delta V\,, \tag{2.31}$$

daß

$$\frac{\partial\Phi}{\partial g} = \Phi_g(g, V) = \frac{\frac{1}{2}(\operatorname{tg}\gamma_1 - \operatorname{tg}\gamma_2)}{2b - r_0(\operatorname{tg}\gamma_1 + \operatorname{tg}\gamma_2)}\,, \qquad \frac{\partial\Phi}{\partial V} = \Phi_V(g, V) = -\frac{\operatorname{tg}\gamma_1 + \operatorname{tg}\gamma_2}{2b - r_0(\operatorname{tg}\gamma_1 + \operatorname{tg}\gamma_2)}\,, \tag{2.32}$$

$$\frac{\partial W}{\partial g} = W_g(g, V) = \frac{\frac{b}{2}(\operatorname{tg}\gamma_1 + \operatorname{tg}\gamma_2) - r_0\operatorname{tg}\gamma_1\operatorname{tg}\gamma_2}{2b - r_0(\operatorname{tg}\gamma_1 + \operatorname{tg}\gamma_2)}\,, \qquad \frac{\partial W}{\partial V} = W_V(g, V) = \frac{b(\operatorname{tg}\gamma_2 - \operatorname{tg}\gamma_1)}{2b - r_0(\operatorname{tg}\gamma_1 + \operatorname{tg}\gamma_2)} \tag{2.33}$$

gilt. Wie wir unter 4. sehen werden, erweisen sich die ermittelten Zwangsbedingungen zwischen den virtuellen Verrückungen auch als äußerst nützlich für eine Linearisierung der Bewegungsgleichungen.

3. Ermittlung der Bewegungsgleichungen

Da bei der Bestimmung der tangentialen Kontaktkräfte zwischen Rad und Schiene entsprechend der KALKERschen Theorie auch die Normalkräfte benötigt werden, leiten wir analog zu dem Vorgehen in [1] zunächst die Bewegungsgleichungen auf eine solche Art her, die auch die Bestimmung dieser als Zwangskräfte wirkenden Normalkräfte erlaubt. Dies werden wir zum einen mittels der Lagrangeschen Methode und als Kontrolle auch mittels des Schwerpunkt- und Drallsatzes tun. Im Anschluß werden wir die bei Elimination der Normalkräfte entstehenden Bewegungsgleichungen herleiten.

3.1. Bewegungsgleichungen unter Einbeziehung der Normalkräfte nach LAGRANGE

Wir gehen von den Lagrangeschen Bewegungsgleichungen 2. Art

$$\frac{d}{dt}\left(\frac{\partial L}{\partial\dot{q}_k}\right) - \frac{\partial L}{\partial q_k} = Q_k \tag{3.1.1a}$$

oder

$$\frac{d}{dt}\left(\frac{\partial T}{\partial\dot{q}_k}\right) - \frac{\partial T}{\partial q_k} + \frac{\partial U}{\partial q_k} = Q_k\,; \qquad k = 1, \ldots, 7 \tag{3.1.1b}$$

aus mit den Koordinaten

$$q_1 = u\,, \qquad q_2 = v\,, \qquad q_3 = w\,, \qquad q_4 = \Theta\,, \qquad q_5 = \psi\,, \qquad q_6 = \varphi\,, \qquad q_7 = s\,, \tag{3.1.2}$$

der kinetischen Energie T, der potentiellen Energie U und den nicht aus einem Potential ableitbaren generalisierten Kräften Q_k.

Für die kinetische Energie gilt

$$T = \tfrac{1}{2}\,M\dot{s}^2 + \tfrac{1}{2}\,m[(\dot{s} + \dot{u})^2 + \dot{v}^2 + \dot{w}^2] + \tfrac{1}{2}\,[I\omega_x^{*2} + I_y\omega_y^{*2} + I\omega_z^{*2}]\,, \tag{3.1.3}$$

wenn M die Masse des Rahmens, m die Masse des Radsatzes, $I = I_{x^*} = I_{z^*}$ das Trägheitsmoment des Radsatzes um die Hoch- bzw. Längsachse und $I_y = I_{y^*}$ das Trägheitsmoment um die Drehachse bezeichnen. Der Winkelgeschwindigkeitsvektor

$$\vec{\omega}^* = \omega_x^*\mathfrak{i}^* + \omega_y^*\mathfrak{j}^* + \omega_z^*\mathfrak{k}^*$$

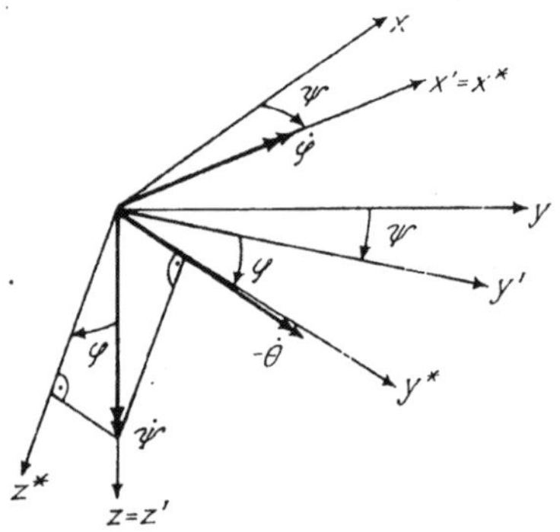

Bild 10. Skizze zur Bestimmung der Komponenten des Winkelgeschwindigkeitsvektors im x^*, y^*, z^*-System.

ist natürlich im radsatzkörperfesten System zu formulieren, da nur in diesem System die Trägheitsmomente konstant sind. Anhand von Bild 10 liest man zunächst

$$\vec{\omega}^* = \dot{\varphi}\mathfrak{i}^* - \dot{\Theta}\mathfrak{j}^* + \dot{\psi}\mathfrak{k}$$

ab, bevor wegen $\dot{\psi}\mathfrak{k} = \dot{\psi}\cos\varphi\mathfrak{k}^* + \dot{\psi}\sin\varphi\mathfrak{j}^* \approx \dot{\psi}\mathfrak{k}^* + \dot{\psi}\varphi\mathfrak{j}^*$

$$\vec{\omega}^* = \dot{\varphi}\mathfrak{i}^* + (\dot{\psi}\varphi - \dot{\Theta})\,\mathfrak{j}^* + \dot{\psi}\mathfrak{k}^*\,, \quad \text{also} \quad \omega_x^* = \dot{\varphi}\,, \qquad \omega_y^* = \dot{\psi}\varphi - \dot{\Theta}\,, \qquad \omega_z^* = \dot{\psi} \tag{3.1.4}$$

folgt. Damit ergibt sich aus (3.1.3)

$$T = \tfrac{1}{2} M\dot{s}^2 + \tfrac{1}{2} m\,[(\dot{s} + \dot{u})^2 + \dot{v}^2 + \dot{w}^2] + \tfrac{1}{2} I(\dot{\varphi}^2 + \dot{\psi}^2) + \tfrac{1}{2} I_y(\dot{\Theta}^2 - 2\dot{\Theta}\dot{\psi}\varphi)\,, \tag{3.1.5}$$

wenn im letzten Term das von 4. Ordnung kleine Glied $\dot{\psi}^2\varphi^2$ vernachlässigt wird.

Bezeichnet G_R das Gewicht des Radsatzes und w_{st} die statische Auslenkung der c_z-Federn infolge des Gewichtes des Rahmens, so gilt mit Bild [1] für die potentielle Energie

$$U = -G_R w + \frac{c_z}{2}[w_{st} - (w + b_1\varphi)]^2 + \frac{c_z}{2}[w_{st} - (w - b_1\varphi)]^2 + 2\,\frac{c_y}{2}v^2 +$$

$$+ \frac{c_x}{2}(u - b_1\psi)^2 + \frac{c_x}{2}(u + b_1\psi)^2\,,$$

$$U = -G_R w + c_z[(w_{st} - w)^2 + b_1^2\varphi^2] + c_y v^2 + c_x(u^2 + b_1^2\psi^2)\,. \tag{3.1.6}$$

Wir kommen nun zur Bestimmung der generalisierten Kräfte Q_k: Während beim reinen Rollen starrer Körper in der Tangentialfläche der Kontaktberührung nur Haftreibungskräfte auftreten, die keine Arbeit leisten, da der Kontaktpunkt gleichzeitig momentaner Drehpol ist, kommt es beim rollenden Kontakt elastischer Körper zu einem Gleiten auf einer Teilfläche der sich ausbildenden Kontaktfläche, so daß Schlupfkräfte entstehen, die mechanische Energie in Wärme umwandeln [2]. Die Schlupfkräfte sind also eingeprägte Kräfte, die eine entsprechende Arbeit leisten. Wenn wir die virtuelle Arbeit der nicht aus einem Potential ableitbaren Kräfte aufschreiben, so haben wir im vorliegenden Falle weiter zu berücksichtigen, daß auch die als Zwangskräfte wirkenden Normalkräfte eine virtuelle Arbeit leisten, weil nämlich entsprechend der Koordinatenwahl (3.1.2) die Zwangsbedingungen (2.25) zunächst ignoriert werden.

Verabreden wir, daß die Schlupfkräfte T_{x_l}, T_{y_l} und die Normalkräfte N_l positiv sind, wenn sie jeweils entgegengesetzt zu den in Bild 5 eingezeichneten Einheitsvektoren $\mathfrak{t}_{x_l}$, $\mathfrak{t}_{y_l}$, $\mathfrak{n}_l$ wirken, und bezeichnen wir mit $\delta s_{\mathfrak{t}_{x_l}}$, $\delta s_{\mathfrak{t}_{y_l}}$, $\delta s_{\mathfrak{n}_l}$ die virtuellen Verrückungen des materiellen Punktes des Rades, der gerade Kontaktpunkt ist, in Richtung dieser Einheitsvektoren, so gilt für die virtuelle Arbeit der nicht aus einem Potential ableitbaren Kräfte

$$\delta A = -\sum_{l=1,2}(T_{x_l}\delta s_{\mathfrak{t}_{x_l}} + T_{y_l}\delta s_{\mathfrak{t}_{y_l}} + N_l\delta s_{\mathfrak{n}_l}) + M_A\delta\Theta\,. \tag{3.1.7}$$

Bei der Bestimmung der virtuellen Verrückungen $\delta s_{\mathfrak{t}_{x_l}}$, $\delta s_{\mathfrak{t}_{y_l}}$, $\delta \mathfrak{n}_l$ haben wir festzustellen, wie sich eine virtuelle Verrückung in den Koordinaten (3.1.2) auf den materiellen Punkt des Rades auswirkt, der gerade Kontaktpunkt ist (Natürlich ist bei Berücksichtigung der Zwangsbedingungen $\delta s_{\mathfrak{n}_l} = 0$, siehe Abschnitt 3.3). Hierzu benutzen wir die bekannte Eulersche Formel (siehe Bild 11)

$$\delta\mathfrak{r}_l = \delta\mathfrak{r}_s + \overrightarrow{\delta\Omega^*} \times \mathfrak{r}_l^*\,, \tag{3.1.8}$$

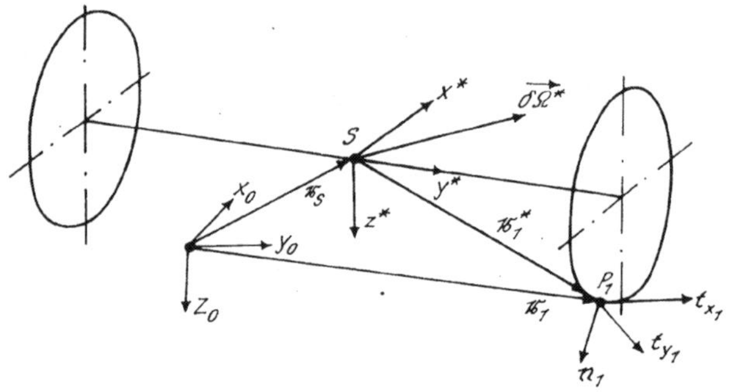

Bild 11. Anwendung der Eulerschen Formel auf die Bewegung des Kontaktpunktes P_1 (Das x_0, y_0, z_0-Koordinatensystem unterscheidet sich vom x, y, z-System nur dadurch, daß es auch die Vorwärtsbewegung s nicht mit ausführt).

nach der die infinitesimale Bewegung $\delta\mathfrak{r}_l$ des Punktes P_l sich zusammensetzt aus der Translationsbewegung $\delta\mathfrak{r}_s$ des Schwerpunktes des Radsatzes plus der Rotation $\overrightarrow{\delta\Omega}^* \times \mathfrak{r}_l^*$ um den Schwerpunkt. Der virtuelle Rotationsvektor $\overrightarrow{\delta\Omega}^*$ ergibt sich unmittelbar aus dem Winkelgeschwindigkeitsvektor $\vec{\omega}^*$ (3.1.4), indem man die Winkelgeschwindigkeiten der einzelnen Koordinaten durch ihre Variationen ersetzt:

$$\overrightarrow{\delta\Omega}^* = \delta\varphi\mathfrak{i}^* + (\varphi\delta\psi - \delta\Theta)\,\mathfrak{j}^* + \delta\psi\mathfrak{k}^* . \tag{3.1.9}$$

Es gilt

$$\delta\mathfrak{r}_s^T = (\delta s + \delta u, \delta v, \delta w) . \tag{3.1.10}$$

Die Komponentendarstellung der Eulerschen Formel (3.1.8) lautet im gegebenen Fall nun

$$\begin{pmatrix} \delta s_{\mathfrak{t}_{x_l}} \\ \delta s_{\mathfrak{t}_{y_l}} \\ \delta s_{\mathfrak{n}_l} \end{pmatrix} = T_{\mathrm{Ra},P_l} \cdot \left\{ T_{\mathrm{R,Ra}} \cdot \begin{pmatrix} \delta s + \delta u \\ \delta v \\ \delta w \end{pmatrix} + \begin{vmatrix} \mathfrak{i}^* & \mathfrak{j}^* & \mathfrak{k}^* \\ \delta\varphi, & -\delta\Theta + \varphi\delta\psi, & \delta\psi \\ x_l^*, & \pm(b - \eta_l^*), & z_l^* \end{vmatrix} \right\} . \tag{3.1.11}$$

Hierbei haben wir einerseits berücksichtigt, daß der Vektor $\delta\mathfrak{r}_s$ im raumfesten Koordinatensystem formuliert ist, so daß sich seine Komponenten in Richtung der Einheitsvektoren $\mathfrak{t}_{x_l}$, $\mathfrak{t}_{y_l}$, $\mathfrak{n}_l$ dadurch ergeben, daß man zunächst mittels der Matrix $T_{\mathrm{R,Ra}}$ zum radsatzkörperfesten x^*,y^*,z^*-System und anschließend über die Matrix T_{Ra,P_l} vom Radsatzsystem zum System der im Kontaktpunkt P_e aufgespannten Vektoren $\mathfrak{t}_{x_l}$, $\mathfrak{t}_{y_l}$, $\mathfrak{n}_l$ transformiert. Andererseits ist beachtet worden, daß der Vektor $\overrightarrow{\delta\Omega}^* \times \mathfrak{r}_l^*$ ($\mathfrak{r}_l^*$ ist durch (2.15) gegeben) natürlich im radsatzkörperfesten System formuliert ist, so daß hier nur mit der Matrix $T_{P_l,\mathrm{Ra}}$ multipliziert zu werden braucht. Die Matrix $T_{\mathrm{R,Ra}}$ ist durch (2.4) gegeben, während die Kombination von (2.6) und (2.7) unter Beachtung von 2.6a) und 2.7a) auf

$$T_{P_l,\mathrm{Ra}} = \begin{pmatrix} \frac{z_l^*}{r_l} & 0 & \frac{x_l^*}{r_l} \\ 0 & 1 & 0 \\ -\frac{x_l^*}{r_l} & 0 & \frac{z_l^*}{r_l} \end{pmatrix} \begin{pmatrix} 1 & 0 & 0 \\ 0 & \cos\gamma_l^* & \pm\sin\gamma_l^* \\ 0 & \mp\sin\gamma_l^* & \cos\gamma_l^* \end{pmatrix} = \begin{pmatrix} \frac{z_l^*}{r_l} & \mp\frac{x_l^*}{r_l}\sin\gamma_l^* & \frac{x_l^*}{r_l}\cos\gamma_l^* \\ 0 & \cos\gamma_l^* & \pm\sin\gamma_l^* \\ -\frac{x_l^*}{r_l} & \mp\frac{z_l^*}{r_l}\sin\gamma_l^* & \frac{z_l^*}{r_l}\cos\gamma_l^* \end{pmatrix} \tag{3.1.12}$$

und damit bei gleichzeitiger Berücksichtigung von $z_l^* = r_l$ entsprechend (2.13) auf

$$T_{\mathrm{Ra},P_l} = T_{P_l,\mathrm{Ra}}^T = \begin{pmatrix} 1 & 0 & -\frac{x_l^*}{r_l} \\ \mp\frac{x_l^*}{r_l}\sin\gamma_l^* & \cos\gamma_l^* & \mp\sin\gamma_l^* \\ \frac{x_l^*}{r_l}\cos\gamma_l^* & \mp\sin\gamma_l^* & \cos\gamma_l^* \end{pmatrix} \tag{3.1.12a}$$

führt. Einsetzen der Transformationsmatrizen in (3.1.11) und Ausrechnen führt bei Vernachlässigung entsprechend kleiner Größen im Rahmen einer Theorie erster Ordnung auf

$$\delta s_{\mathfrak{t}_{x_l}} = \delta s + \delta u \mp b\delta\psi - r_l\delta\Theta , \tag{3.1.13a}$$

$$\delta s_{\mathfrak{t}_{y_l}} = \left(\mp\frac{x_l^*}{r_0}\sin\gamma_l - \psi\cos\gamma_l\right)\delta s + \cos\gamma_l\,\delta v \mp \sin\gamma_l\,\delta w - (b\sin\gamma_l + r_0\cos\gamma_l)\,\delta\varphi , \tag{3.1.13b}$$

$$\delta s_{\mathfrak{n}_l} = \left(\frac{x_l^*}{r_0}\cos\gamma_l \mp \psi\sin\gamma_l\right)\delta s \pm \sin\gamma_l\,\delta v + \cos\gamma_l\,\delta w \pm (b\cos\gamma_l - r_0\sin\gamma_l)\,\delta\varphi . \tag{3.1.13c}$$

Setzt man diese Beziehungen in (3.1.7) ein, so erhält man für die virtuelle Arbeit

$$\begin{aligned} \delta A = &- \left[T_{x_1} + T_{x_2} - \left(\frac{x_1^*}{r_0}\sin\gamma_1 + \psi\cos\gamma_1\right)T_{y_1} + \left(\frac{x_2^*}{r_0}\sin\gamma_2 - \psi\cos\gamma_2\right)T_{y_2} + \left(\frac{x_1^*}{r_0}\cos\gamma_1 - \psi\sin\gamma_1\right)N_1 + \right. \\ &\left. + \left(\frac{x_2^*}{r_0}\cos\gamma_2 + \psi\sin\gamma_2\right)N_2\right]\delta s - [T_{x_1} + T_{x_2}]\,\delta u + [r_1T_{x_1} + r_2T_{x_2} + M_A]\,\delta\Theta - \\ &- [T_{y_1}\cos\gamma_1 + T_{y_2}\cos\gamma_2 + N_1\sin\gamma_1 - N_2\sin\gamma_2)]\,\delta v + \\ &+ [T_{y_1}\sin\gamma_1 - T_{y_2}\sin\gamma_2 - N_1\cos\gamma_1 - N_2\cos\gamma_2]\,\delta w + \\ &+ [T_{y_1}(b\sin\gamma_1 + r_0\cos\gamma_1) + T_{y_2}(b\sin\gamma_2 + r_0\cos\gamma_2) - N_1(b\cos\gamma_1 - r_0\sin\gamma_1) + \\ &+ N_2(b\cos\gamma_2 - r_0\sin\gamma_2)]\,\delta\varphi + b(T_{x_1} - T_{x_2})\,\delta\psi . \end{aligned} \tag{3.1.14}$$

Statt der Koordinate Θ, in der die gesamte Drehung des Radsatzes um die Dreachse y^* enthalten ist, führen wir noch wie de Pater die Koordinate

$$\chi = s/r_0 - \Theta \tag{3.1.15}$$

ein. Während Θ unbeschränkt wächst,

kann χ als eine von erster Ordnung kleine Größe behandelt werden. Die kinetische Energie (3.1.5) schreibt sich dann als

$$T = \frac{1}{2} M\dot{s}^2 + \frac{1}{2} m[(\dot{s} + \dot{u})^2 + \dot{v}^2 + \dot{w}^2] + \frac{1}{2} I(\dot{\varphi}^2 + \dot{\psi}^2) + \frac{1}{2} I_y \left[\left(\frac{\dot{s}}{r_0} - \dot{\chi}\right)^2 - 2\frac{\dot{s}}{r_0}\dot{\psi}\varphi\right]. \quad (3.1.16)$$

Berücksichtigt man $\delta\Theta = \delta s/r_0 - \delta\chi$ auch in (3.1.14) so ergeben sich die gesuchten generalisierten Kräfte als die Vorfaktoren vor den virtuellen Verrückungen schließlich zu

$$\begin{aligned}
Q_u &= -(T_{x_1} + T_{x_2}),\\
Q_v &= -[T_{y_1}\cos\gamma_1 + T_{y_2}\cos\gamma_2 + N_1\sin\gamma_1 - N_2\sin\gamma_2 + \psi(T_{x_1} + T_{x_2})],\\
Q_w &= T_{y_1}\sin\gamma_1 - T_{y_2}\sin\gamma_2 - N_1\cos\gamma_1 - N_2\cos\gamma_2,\\
Q_\varphi &= b(T_{y_1}\sin\gamma_1 + T_{y_2}\cos\gamma_2) + r_0(T_{y_1}\cos\gamma_1 + T_{y_2}\cos\gamma_2) + b(N_2\cos\gamma_2 - N_1\cos\gamma_1) +\\
&\quad + r_0(N_1\sin\gamma_1 - N_2\sin\gamma_2),\\
Q_\chi &= -r_0(T_{x_1} + T_{x_2}) - M_A, \qquad (3.1.17)\\
Q_\psi &= b(T_{x_1} - T_{x_2}),\\
Q_s &= \frac{M_A}{r_0} + \frac{1}{r_0}(\Delta r_1 T_{x_1} + \Delta r_2 T_{x_2}) + \left(\frac{x_1^*}{r_0}\sin\gamma_1 + \psi\cos\gamma_1\right)T_{y_1} - \left(\frac{x_2^*}{r_0}\sin\gamma_2 - \psi\cos\gamma_2\right)T_{y_2} -\\
&\quad - \left(\frac{x_1^*}{r_0}\cos\gamma_1 - \psi\sin\gamma_1\right)N_1 - \left(\frac{x_2^*}{r_0}\cos\gamma_2 + \psi\sin\gamma_2\right)N_2.
\end{aligned}$$

Aus (3.1.16) folgt, wenn man berücksichtigt, daß sich der Rahmen mit der konstanten Geschwindigkeit $\dot{s} = v_0$ bewegen soll:

$$\frac{\partial T}{\partial \dot{u}} = m(v_0 + \dot{u}), \quad \frac{\partial T}{\partial \dot{v}} = m\dot{v}, \quad \frac{\partial T}{\partial \dot{w}} = m\dot{w}, \quad \frac{\partial T}{\partial \dot{\psi}} = I\dot{\psi} - I_y\frac{v_0}{r_0}\varphi,$$

$$\frac{\partial T}{\partial \dot{\varphi}} = I\dot{\varphi}, \quad \frac{\partial T}{\partial \dot{\chi}} = -I_y\left(\frac{v_0}{r_0} - \dot{\chi}\right),$$

$$\left.\frac{\partial T}{\partial \dot{s}}\right|_{\dot{s}=v_0} = Mv_0 + m(v_0 + \dot{u}) + \frac{I_y}{r_0}\left(\frac{v_0}{r_0} - \dot{\chi}\right) - I_y\frac{\dot{\psi}\varphi}{r_0},$$

$$\frac{\partial T}{\partial \varphi} = -I_y\frac{v_0}{r_0}\dot{\psi}.$$

Ferner folgt aus (3.1.6)

$$\frac{\partial U}{\partial u} = 2c_x u, \quad \frac{\partial U}{\partial v} = 2c_y v, \quad \frac{\partial U}{\partial w} = -G_R - 2c_z(w_{st} - w) = -G + 2c_z w,$$

$$\frac{\partial U}{\partial \varphi} = 2c_z b_1^2 \varphi, \quad \frac{\partial U}{\partial \psi} = 2c_x b_1^2 \psi,$$

wobei G das Gesamtgewicht des Fahrzeuges bezeichnet.

Mit diesen berechneten Größen und mit (3.1.17) ergeben sich aus (3.1.1) die folgenden Bewegungsgleichungen:

$$\begin{aligned}
&m\ddot{u} + 2c_x u + T_{x_1} + T_{x_2} = 0, \qquad (3.1.18)\\
&m\ddot{v} + 2c_y v + T_{y_1}\cos\gamma_1 + T_{y_2}\cos\gamma_2 + N_1\sin\gamma_1 - N_2\sin\gamma_2 = 0,\\
&m\ddot{w} + 2c_z w + N_1\cos\gamma_1 + N_2\cos\gamma_2 + T_{y_2}\sin\gamma_2 - T_{y_1}\sin\gamma_1 = G,\\
&I\ddot{\varphi} + I_y\frac{v_0}{r_0}\dot{\psi} + 2c_z b_1^2\varphi - b(T_{y_1}\sin\gamma_1 + T_{y_2}\cos\gamma_2) - r_0(T_{y_1}\cos\gamma_1 + T_{y_2}\cos\gamma_2) +\\
&\quad + b(N_1\cos\gamma_1 - N_2\cos\gamma_2) + r_0(N_2\sin\gamma_2 - N_1\sin\gamma_1) = 0,\\
&I_y\ddot{\chi} + r_0(T_{x_1} + T_{x_2}) = -M_A,\\
&I\ddot{\psi} - I_y\frac{v_0}{r_0}\dot{\varphi} + 2c_x b_1^2\psi + b(T_{x_2} - T_{x_1}) = 0.
\end{aligned}$$

Die entsprechende Gleichung für s entartet infolge der geforderten konstanten Geschwindigkeit $\dot{s} = v_0$ zu einer Bestimmungsgleichung für das hierzu notwendige Antriebsmoment M_A:

$$\begin{aligned}
M_A &= mr_0\ddot{u} - I_y\ddot{\chi} - I_y(\ddot{\psi}\varphi + \dot{\psi}\dot{\varphi}) + N_1(x_1^*\cos\gamma_1 - \psi r_0\sin\gamma_1) + N_2(x_2^*\cos\gamma_2 + r_0\psi\sin\gamma_2) +\\
&\quad + (x_2^*\sin\gamma_2 - r_0\psi\cos\gamma_2)T_{y_2} - (x_1^*\sin\gamma_1 + \psi r_0\cos\gamma_1)T_{y_1} - \Delta r_1 T_{x_1} - \Delta r_2 T_{x_2}. \qquad (3.1.19)
\end{aligned}$$

Wie man an den Gleichungen für ψ und φ erkennt, gehen in die Bewegungsgleichungen nicht nur die Kontaktkräfte zwischen Rad und Schiene ein, sondern es entstehen infolge der Eigenrotation des Radsatzes auch im Rahmen einer Theorie erster Ordnung nicht zu vernachlässigende gyroskopische Kräfte $I_y v_0\dot{\varphi}/r_0$ bzw. $I_y v_0\dot{\psi}/r_0$.

Mit der Kenntnis der virtuellen Verrückungen $\delta s_{t_{x_l}}$, $\delta s_{t_{y_l}}$, δs_{n_l} gemäß (3.1.13 a) bis (3.1.13 c) lassen sich auch sofort die Geschwindigkeiten $v_{t x_l}$, $v_{t_{y_l}}$, v_{n_l} des materiellen Punktes des Rades angeben, der gerade Kontaktpunkt ist:

$$v_{t_{x_l}} = v_0 + \dot{u} \mp b\dot{\psi} - r_l\dot{\Theta} \,, \tag{3.1.20 a}$$

$$v_{t_{y_l}} = \left(\mp \frac{x_l^*}{r_0} \sin\gamma_l - \psi\cos\gamma_l\right) v_0 + \cos\gamma_l\dot{v} \mp \sin\gamma_l\dot{w} - (b\sin\gamma_l + r_0\cos\gamma_l)\,\dot{\varphi} \,, \tag{3.1.20 b}$$

$$v_{n_l} = [(x_l^*/r_0)\cos\gamma_l \mp \psi\sin\gamma_l]\, v_0 \pm \sin\gamma_l\dot{v} + \cos\gamma_l\dot{w} \pm (b\cos\gamma_l - r_0\sin\gamma_l)\,\dot{\varphi} \,, \tag{3.1.20 c}$$

wobei $\dot{s} = v_0$ berücksichtigt wurde.

Bezeichnet $E = T + U$ die Gesamtenergie des Systems, so genügen die ermittelten Bewegungsgleichungen der Energiebalance

$$\mathrm{d}E/\mathrm{d}t = P_{zu} + P_{ab} \tag{3.1.21}$$

mit der durch das Antriebsmoment M_A gemäß (3.1.19) dem System zugeführten Leistung

$$P_{zu} = M_A\dot{\Theta} \tag{3.1.21 a}$$

und der durch die Kontaktkräfte im System verbrauchten Leistung

$$P_{ab} = -\sum_{l=1}^{2} (T_{x_l}v_{t_{x_l}} + T_{y_l}v_{t_{y_l}} + N_l v_{n_l}) \,. \tag{3.1.21 b}$$

Dies zeigt man wie folgt: Bei Benutzung der Lagrangeschen Funktion $L = T - U$ gilt $E = T + U = 2T - L$ und damit

$$\mathrm{d}E/\mathrm{d}t = \mathrm{d}(2T - L)/\mathrm{d}t \,. \tag{3.1.22}$$

Berücksichtigt man in (3.1.16) $\dot{s} = v_0$, so läßt sich die kinetische Energie des Systems als

$$T = T_0 + T_1 + T_2$$

mit dem konstanten Term

$$T_0 = \frac{1}{2}(M + m + I_y/r_0^2)\, v_0^2 \,,$$

mit dem bezüglich der Geschwindigkeitskoordinaten homogenen Term vom Grade 1

$$T_1 = mv_0\dot{u} - I_y\frac{v_0}{r_0}\dot{\chi} - I_y\frac{v_0}{r_0}\dot{\psi}\varphi$$

und mit dem bezüglich der Geschwindigkeitskoordinaten homogenen Term vom Grade 2

$$T_2 = \frac{1}{2}m(\dot{u}^2 + \dot{v}^2 + \dot{w}^2) + \frac{1}{2}I(\dot{\varphi}^2 + \dot{\psi}^2) + \frac{1}{2}I_y\dot{\chi}^2$$

darstellen. Nach dem Eulerschen Theorem über homogene Funktionen gilt nun

$$2T_2 = \sum_{k=1}^{6} \dot{q}_k \frac{\partial T_2}{\partial \dot{q}_k} \,, \qquad T_1 = \sum_k \dot{q}_k \frac{\partial T_1}{\partial \dot{q}_k} \,, \tag{3.1.23}$$

so daß aus (3.1.22)

$$\mathrm{d}E/\mathrm{d}t = \mathrm{d}\Big[\sum_k \dot{q}_k(2\partial T_1/\partial\dot{q}_k + \partial T_2/\partial\dot{q}_k) - L\Big]/\mathrm{d}t$$

folgt. Mit $L = T_0 + T_1 + T_2 - U$ gilt ferner

$$\partial(T_1 + T_2)/\partial\dot{q}_k = \partial L/\partial\dot{q}_k$$

da T_0 und die potentielle Energie U nicht von den Geschwindigkeitskoordinaten abhängen, so daß

$$\begin{aligned}
\frac{\mathrm{d}E}{\mathrm{d}t} &= \frac{\mathrm{d}}{\mathrm{d}t}\left(\sum_k \dot{q}_k\frac{\partial L}{\partial\dot{q}_k} - L\right) + \frac{\mathrm{d}T_1}{\mathrm{d}t} \\
&= \sum_{k=1}^{6}\left(\ddot{q}_k\frac{\partial L}{\partial\dot{q}_k} + \dot{q}_k\frac{\mathrm{d}}{\mathrm{d}t}\left(\frac{\partial L}{\partial\dot{q}_k}\right) - \frac{\partial L}{\partial\dot{q}_k}\ddot{q}_k - \frac{\partial L}{\partial q_k}\dot{q}_k\right) + \frac{\mathrm{d}T_1}{\mathrm{d}t} , \\
&= \sum_{k=1}^{6}\dot{q}_k\left[\frac{\mathrm{d}}{\mathrm{d}t}\left(\frac{\partial L}{\partial\dot{q}_k}\right) - \frac{\partial L}{\partial q_k}\right) + \frac{\mathrm{d}T_1}{\mathrm{d}t}
\end{aligned}$$

und mit Rücksicht auf (3.1.1 a)

$$\frac{\mathrm{d}E}{\mathrm{d}t} = \sum_{k=1}^{6}\dot{q}_k Q_k + \frac{\mathrm{d}T_1}{\mathrm{d}t} \tag{3.1.24}$$

entsteht. Wenn man nun die generalisierten Kräfte Q_k entsprechend den ersten 6 Gleichungen von (3.1.17) sowie

$$\frac{\mathrm{d}T_1}{\mathrm{d}t} = mv_0\ddot{u} - I_y\frac{v_0}{r_0}\ddot{\chi} - I_y\frac{v_0}{r_0}(\ddot{\psi}\varphi + \dot{\psi}\dot{\varphi})$$

berücksichtigt, so zeigt ein Vergleich mit (3.1.14), daß bei M_A gemäß (3.1.19) gerade

$$\sum_{k=1}^{6}\dot{q}_k Q_k + \frac{\mathrm{d}T_1}{\mathrm{d}t} = \frac{\delta A}{\delta t} = \dot{A} \tag{3.1.25}$$

gilt. Wegen (3.1.7) ist damit die Energiebalance bewiesen. Wir halten fest, daß zwar P_{ab} immer negativ ist, über das Vorzeichen von P_{zu} jedoch nichts ausgesagt werden kann, so daß sowohl stabile ($\mathrm{d}E/\mathrm{d}t < 0$) als auch instabile ($\mathrm{d}E/\mathrm{d}t > 0$) Schwingungsbewegungen möglich sind.

3.2. Bestätigung der Bewegungsgleichungen mittels des Schwerpunkt- und Drallsatzes

Der Schwerpunktsatz, angewendet auf den Radsatz, verlangt

$$m\ddot{\mathfrak{r}}_s = \mathfrak{F}_F + \sum_{l=1}^{2} \mathfrak{F}_l \tag{3.2.1}$$

mit

$$\ddot{\mathfrak{r}}_s^T = (\ddot{u}, \ddot{v}, \ddot{w}), \tag{3.2.2}$$

dem Kraftvektor infolge der Federkräfte und des Gewichtes G

$$\mathfrak{F}_F^T = -(2c_x u, 2c_y v, 2c_z w - G) \tag{3.2.3}$$

und dem Vektor $\mathfrak{F}_l$ der Kontaktkräfte, der natürlich ebenfalls im raumfesten x, y, z-System zu formulieren ist. Man erhält ihn zu

$$\mathfrak{F}_l = -T_{P_l,R}\begin{pmatrix} T_{x_l} \\ T_{y_l} \\ N_l \end{pmatrix}, \tag{3.2.4}$$

mit der vom System der im Kontaktpunkt P_l aufgespannten Einheitsvektoren $\mathfrak{t}_{x_l}$, $\mathfrak{t}_{y_l}$, $\mathfrak{n}_l$ zum raumfesten System vermittelnden Matrix $T_{P_l,R}$, die sich unter Berücksichtigung von (3.1.12) und (2.4) zu

$$T_{P_l,R} = T_{Ra,R}\,T_{P_l,Ra} = \begin{pmatrix} 1 & -\psi & 0 \\ \psi & 1 & -\varphi \\ 0 & \varphi & 1 \end{pmatrix} \begin{pmatrix} 1 & \mp \dfrac{x_l^*}{r_l}\sin\gamma_l^* & \dfrac{x_l^*}{r_l}\cos\gamma_l^* \\ 0 & \cos\gamma_l^* & \pm\sin\gamma_l^* \\ -\dfrac{x_l^*}{r_l} & \mp\sin\gamma_l^* & \cos\gamma_l^* \end{pmatrix},$$

$$T_{P_l,R} = \begin{pmatrix} 1 & \mp\dfrac{x_l^*}{r_l}\sin\gamma_l^* - \psi\cos\gamma_l^* & \dfrac{x_l^*}{r_l}\cos\gamma_l^* \mp \psi\sin\gamma_l^* \\ \psi + \varphi\dfrac{x_l^*}{r_l} & \mp\psi\dfrac{x_l^*}{r_l}\sin\gamma_l^* + \cos(\gamma_l \mp \varphi_G) & \psi\dfrac{x_l^*}{r_l}\cos\gamma_l^* \pm \sin(\gamma_l \mp \varphi_G) \\ -\dfrac{x_l^*}{r_l} & \mp\sin(\gamma_l \mp \varphi_G) & \cos(\gamma_l \mp \varphi_G) \end{pmatrix}$$

bestimmt. Vernachlässigt man die Produkte kleiner Größen, und berücksichtigt man wieder, daß unter realen Bedingungen

$$|\varphi - \varphi_G| \ll \gamma_l, \qquad |\varphi_G| \ll \gamma_l$$

gilt, so erhält man

$$T_{P_l,R} = \begin{pmatrix} 1 & \mp\dfrac{x_l^*}{r_0}\sin\gamma_l - \psi\cos\gamma_l & \dfrac{x_l^*}{r_0}\cos\gamma_l \mp \psi\sin\gamma_l \\ \psi & \cos\gamma_l & \pm\sin\gamma_l \\ -\dfrac{x_l^*}{r_0} & \mp\sin\gamma_l & \cos\gamma_l \end{pmatrix}. \tag{3.2.5}$$

Dies führt zusammen mit (3.2.1) bis (3.2.4) – abgesehen von einigen kleinen Zusatztermen – auf die drei ersten Gleichungen von (3.1.18), die damit bestätigt sind.

Bei der Anwendung des Drallsatzes hat man im gegebenen Fall zu beachten, daß der Drallvektor

$$\mathfrak{D}^{*T} = (I\omega_x^*, I_y\omega_y^*, I\omega_z^*)$$

nur im radsatzkörperfesten x^*, y^*, z^*-System invariant mit konstanten Massenträgheitsmomenten formuliert werden kann. Dieses System führt aber selbst die Drehbewegungen ψ und φ aus, so daß unter Anwendung der bekannten Regel für die Ableitung eines Vektors in einem bewegten Koordinatensystem der Drallsatz

$$\frac{\mathrm{d}\mathfrak{D}^*}{\mathrm{d}t} + \vec{\omega}_0^* \times \mathfrak{D}^* = \mathfrak{M}^* \tag{3.2.6}$$

lautet. Hierbei ist

$$\vec{\omega}_0^* = (\dot{\varphi}, \dot{\psi}\sin\varphi, \dot{\psi}\cos\varphi) \approx (\dot{\varphi}, 0, \dot{\psi}) \tag{3.2.7}$$

der Winkelgeschwindigkeitsvektor des bewegten x^*, y^*, z^*-Systems, während $\mathfrak{M}^*$ der ebenfalls im x^*, y^*, z^*-System zu formulierende Momentenvektor infolge der äußeren eingeprägten Kräfte ist. Mit (3.1.4) lautet die Komponentendarstellung von (3.2.6) unter Vernachlässigung von Größen, die von zweiter Ordnung klein sind

$$\begin{pmatrix} I\ddot{\varphi} \\ -I_y\ddot{\Theta} \\ I\ddot{\psi} \end{pmatrix} + \begin{vmatrix} \mathfrak{i}^* & \mathfrak{j}^* & \mathfrak{k}^* \\ \dot{\varphi} & 0 & \dot{\psi} \\ I\dot{\varphi} & -I_y\dot{\Theta} & I\dot{\psi} \end{vmatrix} = \begin{pmatrix} M_x^* \\ M_y^* \\ M_z^* \end{pmatrix}$$

und somit

$$I\ddot{\varphi} + I_y\dot{\psi}\dot{\Theta} = M_x^*,$$
$$-I_y\ddot{\Theta} = M_y^*,$$
$$I\ddot{\psi} - I_y\dot{\varphi}\dot{\Theta} = M_z^*.$$

Einführung von $\dot{\chi} = \dot{s}/r_0 - \dot{\Theta} = v_0/r_0 - \dot{\Theta}$ führt schließlich auf

$$\begin{aligned} I\ddot{\varphi} + \frac{I_y v_0}{r_0}\dot{\psi} &= M_x^*, \\ I_y\ddot{\chi} &= M_y^*, \\ I\ddot{\psi} - \frac{I_y v_0}{r_0}\dot{\varphi} &= M_z^*, \end{aligned} \tag{3.2.8}$$

womit wieder das Entstehen von gyroskopischen Kräften gezeigt ist.

Für den Momentenvektor $\mathfrak{M}^{*T} = (M_x^*, M_y^*, M_z^*)$ gilt

$$\mathfrak{M}^* = \sum_{l=1}^{2} \mathfrak{r}_l^* \times \mathfrak{F}_l^* - M_A \mathfrak{j}^* + \mathfrak{M}_F^*, \tag{3.2.9}$$

wobei neben den schon bekannten Größen $\mathfrak{M}_F^*$ der im radsatzkörperfesten System zu formulierende Momentenvektor infolge der Federkräfte ist. Für den Vektor der Kontaktkräfte gilt mit Berücksichtigung von (3.1.12) und $z_l^* \approx r_l$

$$\begin{pmatrix} F_{x^*l} \\ F_{y^*l} \\ F_{z^*l} \end{pmatrix} = \begin{pmatrix} 1 & \mp \frac{x_l^*}{r_l}\sin\gamma_l^*, & \frac{x_l^*}{r_l}\cos\gamma_l^* \\ 0 & \cos\gamma_l^* & \pm\sin\gamma_l^* \\ -\frac{x_l^*}{r_l} & \mp\sin\gamma_l^* & \cos\gamma_l^* \end{pmatrix} \begin{pmatrix} -T_{x_l} \\ -T_{y_l} \\ -N_l \end{pmatrix} = -\begin{pmatrix} T_{x_l} \mp \frac{x_l^*}{r_l}\sin\gamma_l^* T_{y_l} + \frac{x_l^*}{r_l}\cos\gamma_l^* N_l \\ T_{y_l}\cos\gamma_l^* \pm \sin\gamma_l^* N_l \\ -\frac{x_l^*}{r_l}T_{x_l} \mp \sin\gamma_l^* T_{y_l} + \cos\gamma_l^* N_l \end{pmatrix},$$

so daß mit $\mathfrak{r}_l^*$ gemäß (2.15) — wenn wir noch gleichzeitig $|\eta_l^*| \ll b$ und $|\varphi - \varphi_G| \ll \gamma_l$ also $\gamma_l^* \approx \gamma_l$ berücksichtigen —

$$\mathfrak{r}_l^* \times \mathfrak{F}_l^* = -\begin{vmatrix} \mathfrak{i}^* & \mathfrak{j}^* & \mathfrak{k}^* \\ x_l^* & \pm b & r_l \\ T_{x_l} \mp \frac{x_l^*}{r_l}\sin\gamma_l T_{y_l} + \frac{x_l^*}{r_l}\cos\gamma_l N_l & T_{y_l}\cos\gamma_l \pm N_l\sin\gamma_l & -\frac{x_l^*}{r_l}T_{x_l} \mp \sin\gamma_l T_{y_l} + \cos\gamma_l N_l \end{vmatrix}$$

folgt. Dies gibt

$$\sum_{l=1}^{2} \mathfrak{r}_l^* \times \mathfrak{F}_l^* = -\begin{pmatrix} \frac{b}{r_0}(x_2^* T_{x_2} - x_1^* T_{x_1}) - b(T_{y_1}\sin\gamma_1 + T_{y_2}\sin\gamma_2) + b(N_1\cos\gamma_1 - N_2\cos\gamma_2) - r_0(T_{y_1}\cos\gamma_1 + T_{y_2}\cos\gamma_2) + \\ \quad + r_0(N_2\sin\gamma_2 - N_1\sin\gamma_1) \\ r_1 T_{x_1} + r_2 T_{x_2} \\ b(T_{x_2} - T_{x_1}) + x_1^*\left[T_{y_1}\cos\gamma_1 + N_1\sin\gamma_1 + \frac{b}{r_0}(T_{y_1}\sin\gamma_1 - N_1\cos\gamma_1)\right] + x_2^*\left[T_{y_2}\cos\gamma_2 - N_2\sin\gamma_2 + \right. \\ \quad \left. + \frac{b}{r_0}(T_{y_2}\sin\gamma_2 + N_2\cos\gamma_2)\right] \end{pmatrix}, \tag{3.2.10}$$

wobei wir in der ersten und dritten Gleichung noch von der Näherung $r_l \approx r_0$ Gebrauch gemacht haben.

Mit Bild 1 gilt ferner

$$\mathfrak{M}_F^* = \sum_{l=1}^{2} \mathfrak{r}_{lF}^* \times \mathfrak{F}_{lF}^*$$

mit

$$\mathfrak{r}_{lF}^{*T} = (0, \pm b_1, 0)$$

und unter Beachtung von (2.4)

$$\mathfrak{F}_{lF}^* = -\begin{pmatrix} 1 & \psi & 0 \\ -\psi & 1 & \varphi \\ 0 & -\varphi & 1 \end{pmatrix} \begin{pmatrix} c_x(u \mp b_1\psi) \\ c_y v \\ c_z(w \pm b_1\varphi) \end{pmatrix} \approx -\begin{pmatrix} c_x(u \mp b_1\psi) \\ c_y v \\ c_z(w \pm b_1\varphi) \end{pmatrix}$$

im Rahmen einer Theorie erster Ordnung. Damit folgt

$$\mathfrak{M}_F^* = -\sum_{l=1}^{2} \begin{vmatrix} \mathfrak{i}^* & \mathfrak{j}^* & \mathfrak{k}^* \\ 0 & \pm b & 0 \\ c_x(u \mp b_1\psi) & c_y v & c_z(w \pm b_1\varphi) \end{vmatrix} = -\begin{pmatrix} 2b_1^2 c_z\varphi \\ 0 \\ 2b_1^2 c_x\psi \end{pmatrix} \tag{3.2.11}$$

Berücksichtigt man diese Beziehung sowie (3.2.10) in (3.2.9), so liefern die Gleichungen (3.2.8) wieder bis auf einige kleine Zusatzterme die drei letzten Bewegungsgleichungen von (3.1.18), die damit ebenfalls bestätigt sind.

3.3. Bewegungsgleichungen bei Elimination der Zwangskräfte

Um die Anzahl der Variablen zu reduzieren, ist es wünschenswert, Bewegungsgleichungen aufzustellen, in denen die als Zwangskräfte wirkenden Normalkräfte gar nicht erst auftreten. Dies kann in der Weise geschehen, daß man mittels der Bewegungsgleichungen für w und φ in (3.1.18) und der Zwangsbedingungen (2.25) die Normalkräfte in Abhängigkeit von den stochastischen Gleislagefehlern, den Koordinaten v und ψ und den später zu bestimmenden Kontaktkräften T_{x_l}, T_{y_l} ermittelt und diese dann in die verbleibenden 4 Bewegungsgleichungen einsetzt. Ein solches Vorgehen dürfte jedoch mit Fehlern verbunden sein, da wir z. B. schon in den Gleichungen (3.1.18) von erster Ordnung kleine mit den Normalkräften verknüpfte Terme vernachlässigt haben. Für die Bestimmung der Normalkräfte selbst (siehe Abschnitt 3.5) ist dies sicherlich noch ausreichend, da die KALKERschen Schlupfkoeffizienten

(Abschnitt 3.4), in die die Normalkräfte eingehen, stets nur in multiplikativer Verknüpfung mit kleinen Größen auftreten; für die so erhaltenen Bewegungsgleichungen jedoch kann nicht garantiert werden, daß sie im Rahmen einer Theorie erster Ordnung noch exakt sind.

Wir gehen deshalb im Folgenden anders vor, indem wir in exakter Weise das in der Mechanik allgemein gültige Prinzip erfüllen, nachdem die Bewegung des Systems stets so erfolgt, daß die Arbeit der Zwangskräfte verschwindet. Dadurch erhalten wir Bewegungsgleichungen, die mit der Energiebilanz des Systems verträglich sind. Wir gehen hierzu wieder von den Lagrangeschen Bewegungsgleichungen (3.1.1) aus, diesmal aber mit den generalisierten Koordinaten

$$q_1 = u\,, \quad q_2 = \chi\,, \quad q_3 = v\,, \quad q_4 = \psi\,, \quad q_5 = s\,, \tag{3.3.1}$$

da wir von vornherein die Zwangsbedingungen (2.25) berücksichtigen. Die kinetische und potentielle Energie ergibt sich dann aus (3.1.16) und (3.1.6) unter Berücksichtigung von

$$\dot w = \dot w_G + W_g\dot g + W_V(\dot v - \dot v_G - r_0\dot\varphi_G)\,, \qquad \dot\varphi = \dot\varphi_G + \Phi_g\dot g + \Phi_V(\dot v - \dot v_G - r_0\dot\varphi_G) \tag{3.3.2}$$

zu

$$T = \frac{1}{2}M\dot s^2 + \frac{1}{2}m\{(\dot s + \dot u)^2 + \dot v^2 + [\dot w_G + W_g\dot g + W_V(\dot v - \dot v_G - r_0\dot\varphi_G)]^2\} +$$
$$+ \frac{1}{2}I\{\dot\psi^2 + [\dot\varphi_G + \Phi_g\dot g + \Phi_V(\dot v - \dot v_G - r_0\dot\varphi_G)]^2\} + \frac{1}{2}I_y\left\{\left(\frac{\dot s}{r_0} - \dot\chi\right)^2 - 2\frac{\dot s}{r_0}\dot\psi(\varphi_G + \Phi)\right\} \tag{3.3.3}$$

und

$$U = -G_R(w_G + W) + c_y v^2 + c_x(u^2 + b_1^2\psi^2) + c_z\{(w_{st} - w_G - W)^2 + b_1^2(\varphi_G + \Phi)^2\}\,. \tag{3.3.4}$$

Für die virtuelle Arbeit der nicht aus einem Potential ableitbaren Kräfte gilt nun

$$\delta A = -\sum_{l=1}^{2}(T_{x_l}\,\delta s_{t x_l} + T_{y_l}\,\delta s_{t y_l}) + M_A\left(\frac{\delta s}{r_0} - \delta\chi\right), \tag{3.3.5}$$

wobei die virtuellen Verrückungen δs_{tx_l}, δs_{ty_l} nun unter Berücksichtigung der Zwangsbedingungen (2.25) zu berechnen sind. Im Rahmen einer Theorie erster Ordnung haben wir die virtuelle Arbeit wie die Energien bis zur 2. Ordnung genau aufzuschreiben. Wie die Beziehungen (3.4.1) bis (3.4.3) unter 3.4 zeigen, sind die Kontaktkräfte T_{x_l} und T_{y_l} von 1. Ordnung kleine Größen[2], so daß es genügt, die virtuellen Verrückungen bis zur ersten Ordnung genau aufzuschreiben. Aus (3.1.13a) und (3.1.13b) folgt mit Berücksichtigung von (3.1.15)

$$\delta s_{tx_l} = -\frac{\Delta r_l}{r_0}\delta s + \delta u \mp b\,\delta\psi + r_0\,\delta\chi\,, \tag{3.3.6a}$$

$$\delta s_{ty_l} = \left(\mp\frac{x_l^*}{r_0}\sin\gamma_l - \psi\cos\gamma_l\right)\delta s + \cos\gamma_l\,\delta v \mp \sin\gamma_l\,\delta w - (b\sin\gamma_l + r_0\cos\gamma_l)\,\delta\varphi\,. \tag{3.3.6b}$$

Berücksichtigen wir nun in δs_{ty_l} die erste Gleichung von (2.23b), so folgt zunächst

$$\delta s_{ty_l} = \cos\gamma_l\,\delta v \mp \sin\gamma_l\,\delta w - (b\sin\gamma_l + r_0\cos\gamma_l)\,\delta\varphi +$$
$$+ \left[\left(v_G' \pm \frac{g'}{2}\right)\frac{\sin^2\gamma_l}{\cos\gamma_l} + (\pm w_G' + b\varphi_G')\sin\gamma_l - \frac{\psi}{\cos\gamma_l}\right]\delta s\,. \tag{3.3.7}$$

Wir berücksichtigen entsprechend (2.25) weiter

$$\begin{aligned}\delta w &= \delta w_G + W_g\,\delta g + W_V(\delta v - \delta v_G - r_0\,\delta\varphi_G)\,,\\ \delta\varphi &= \delta\varphi_G + \Phi_g\,\delta g + \Phi_V(\delta v - \delta v_G - r_0\,\delta\varphi_G)\,.\end{aligned} \tag{3.3.8}$$

Für die virtuellen Verrückungen der stochastischen Gleislagefehler können wir aufgrund von (2.1) zunächst

$$\delta g = \delta Y_{1s} - \delta Y_{2s}\,, \qquad \delta\varphi_G = \frac{1}{2b}(\delta Z_{1s} - \delta Z_{2s})\,, \qquad \delta w_G = \frac{1}{2}(\delta Z_{1s} + \delta Z_{2s})\,, \delta v_G = \frac{1}{2}(\delta Y_{1s} + \delta Y_{2s})$$

schreiben. Nun gilt aber

$$\delta Y_{ls} = Y_{ls}'\,\delta x_{ls0}\,, \qquad \delta Z_{ls} = Z_{ls}'\,\delta x_{ls0}\,, \qquad \text{mit} \quad \delta x_{ls0} = \delta s + \delta x_{ls}\,.$$

wobei δx_{ls} die Lageänderung des Kontaktpunktes auf der rechten ($l = 1$) bzw. linken Schiene ($l = 2$) infolge der Bewegungen δu, $\delta\chi$, δv, $\delta\psi$ des Radsatzes bezeichnet. Mit der zweiten Gleichung von (2.23b) folgt deshalb zum Beispiel für δg

$$\begin{aligned}\delta g &= (Y_{1s}' - Y_{2s}')(\delta s + \delta u) - (Y_{1s}' + Y_{2s}')\,b\,\delta\psi + Y_{1s}'\,\delta x_1^* - Y_{2s}'\,\delta x_2^*\\ &= g'(\delta s + \delta u) - 2bv_G'\,\delta\psi + \left(v_G' + \frac{g'}{2}\right)\delta x_1^* - \left(v_G' - \frac{g'}{2}\right)\delta x_2^*\,.\end{aligned}$$

[2]) Lediglich T_{y_l} enthält infolge des Spin auch ein Glied, das formal von nullter Ordnung, jedoch wegen der in der Praxis üblichen kleinen Kontaktwinkel γ_l auch sehr klein ist.

Wir erwähnen hier, daß δs im Gegensatz zu den anderen virtuellen Verrückungen als eine Größe nullter Ordnung zu behandeln ist, da es die eigentliche Vorwärtsbewegung des Radsatzes repräsentiert und die Schwingungsbewegungen nur kleine Störungen dieser Grundbewegung sind. Folglich erhält man im Rahmen einer Theorie erster Ordnung $\delta g = g'\,\delta s$ und analog

$$\delta\varphi_G = \varphi_G'\,\delta s\,, \qquad \delta w_G = w_G'\,\delta s\,, \qquad \delta v_G = v_G'\,\delta s\,, \tag{3.3.9}$$

denn die anderen Größen sind schon von zweiter Ordnung klein. Anschaulich gesprochen bedeuten diese Näherungen, daß die stochastischen Gleisfehlerfunktionen so abgetastet werden, als ob die beiden Schienenkontaktpunkte sich nur mit der Geschwindigkeit $\dot{s}$ vorwärtsbewegen würden. Berücksichtigt man (3.3.9) in (3.3.8) so geht (3.3.7) über in

$$\begin{aligned}
\delta s_{ty_l} = {} & [\cos\gamma_l \mp \sin\gamma_l W_V - (b\sin\gamma_l + r_0\cos\gamma_l)\,\Phi_V]\,\delta v + \\
& + \left\{-\frac{\psi}{\cos\gamma_l} + g'\left[\mp\sin\gamma_l W_g - (b\sin\gamma_l + r_0\cos\gamma_l)\,\Phi_g \pm \frac{1}{2}\frac{\sin^2\gamma_l}{\cos\gamma_l}\right] + \right. \\
& + v_G'\left[\pm W_V\sin\gamma_l + (b\sin\gamma_l + r_0\cos\gamma_l)\,\Phi_V + \frac{\sin^2\gamma_l}{\cos\gamma_l}\right] + \\
& \left. + \varphi_G'[\pm\sin\gamma_l r_0 W_V + (b\sin\gamma_l + r_0\cos\gamma_l)\,(r_0\Phi_V - 1) + b\sin\gamma_l]\right\}\delta s\,,
\end{aligned}$$

bevor man mittels (2.32) und (2.33) die Beziehungen

$$\cos\gamma_l \mp \sin\gamma_l W_V - (b\sin\gamma_l + r_0\cos\gamma_l)\,\Phi_V = \frac{1}{\cos\gamma_l}\,\frac{2b}{2b - r_0(\operatorname{tg}\gamma_1 + \operatorname{tg}\gamma_2)}\,,$$

$$\mp\sin\gamma_l W_g - (b\sin\gamma_l + r_0\cos\gamma_l)\,\Phi_g \pm \frac{1}{2}\frac{\sin^2\gamma_l}{\cos\gamma_l} = \frac{1}{\cos\gamma_l}\,\frac{\frac{r_0}{2}(\operatorname{tg}\gamma_2 - \operatorname{tg}\gamma_1)}{2b - r_0(\operatorname{tg}\gamma_1 + \operatorname{tg}\gamma_2)}\,,$$

$$\pm W_V\sin\gamma_l + (b\sin\gamma_l + r_0\cos\gamma_l)\,\Phi_V + \frac{\sin^2\gamma_l}{\cos\gamma_l} = -\frac{1}{\cos\gamma_l}\,\frac{r_0(\operatorname{tg}\gamma_1 + \operatorname{tg}\gamma_2)}{2b - r_0(\operatorname{tg}\gamma_1 + \operatorname{tg}\gamma_2)}\,,$$

$$\pm\sin\gamma_l r_0 W_V + (b\sin\gamma_l + r_0\cos\gamma_l)\,(r_0\Phi_V - 1) + b\sin\gamma_l = -\frac{1}{\cos\gamma_l}\,\frac{2br_0}{2b - r_0(\operatorname{tg}\gamma_1 + \operatorname{tg}\gamma_2)}$$

bestätigt und somit

$$\begin{aligned}
\delta s_{ty_l} = {} & \frac{1}{\cos\gamma_l}\,\frac{2b}{2b - r_0(\operatorname{tg}\gamma_1 + \operatorname{tg}\gamma_2)}\,\delta v - \\
& - \frac{1}{\cos\gamma_l}\left[\psi + \frac{r_0}{2b - r_0(\operatorname{tg}\gamma_1 + \operatorname{tg}\gamma_2)}\left(2b\varphi_G' + (\operatorname{tg}\gamma_1 + \operatorname{tg}\gamma_2)\,v_G' - \frac{1}{2}(\operatorname{tg}\gamma_2 - \operatorname{tg}\gamma_1)\,g'\right)\right]\delta s
\end{aligned} \tag{3.3.10}$$

erhält.

Für die virtuelle Arbeit folgt mit (3.3.6a) und der letzten Beziehung

$$\begin{aligned}
\delta A = {} & -(T_{x_1} + T_{x_2})\,\delta u - [r_0(T_{x_1} + T_{x_2}) + M_A]\,\delta\chi + b(T_{x_1} - T_{x_2})\,\delta\psi - \\
& - \frac{2b}{2b - r_0(\operatorname{tg}\gamma_1 + \operatorname{tg}\gamma_2)}\left(\frac{T_{y_1}}{\cos\gamma_1} + \frac{T_{y_2}}{\cos\gamma_2}\right)\delta v + \\
& + \left[\frac{\Delta r_1}{r_0}T_{x_1} + \frac{\Delta r_2}{r_0}T_{x_2} + \frac{M_A}{r_0} + \left(\frac{T_{y_1}}{\cos\gamma_1} + \frac{T_{y_2}}{\cos\gamma_2}\right)\times\right. \\
& \left.\times\left\langle\psi + \frac{r_0\left(2b\varphi_G' + (\operatorname{tg}\gamma_1 + \operatorname{tg}\gamma_2)\,v_G' - \frac{1}{2}(\operatorname{tg}\gamma_2 - \operatorname{tg}\gamma_1)\,g'\right)}{2b - r_0(\operatorname{tg}\gamma_1 + \operatorname{tg}\gamma_2)}\right\rangle\right]\delta s\,.
\end{aligned} \tag{3.3.11}$$

Damit ergeben sich die generalisierten Kräfte

$$\begin{aligned}
Q_u &= -(T_{x_1} + T_{x_2})\,,\\
Q_\chi &= -[r_0(T_{x_1} + T_{x_2}) + M_A]\,,\\
Q_v &= -\left(\frac{T_{y_1}}{\cos\gamma_1} + \frac{T_{y_2}}{\cos\gamma_2}\right)\frac{2b}{2b - r_0(\operatorname{tg}\gamma_1 + \operatorname{tg}\gamma_2)}\,,\\
Q_\psi &= b(T_{x_1} - T_{x_2})\,,\\
Q_s &= \frac{\Delta r_1 T_{x_1} + \Delta r_2 T_{x_2}}{r_0} + \frac{M_A}{r_0} + \left(\frac{T_{y_1}}{\cos\gamma_1} + \frac{T_{y_2}}{\cos\gamma_2}\right)\times\\
&\quad\times\left\{\psi + \frac{r_0}{2b - r_0(\operatorname{tg}\gamma_1 + \operatorname{tg}\gamma_2)}\left[2b\varphi_G' + (\operatorname{tg}\gamma_1 + \operatorname{tg}\gamma_2)\,v_G' - \frac{1}{2}(\operatorname{tg}\gamma_2 - \operatorname{tg}\gamma_1)\,g'\right]\right\}.
\end{aligned} \tag{3.3.12}$$

Bevor wir die Bewegungsgleichungen aufschreiben, zeigen wir noch zu Kontrollzwecken, daß mit den Zwangsbedingungen (3.3.8) und (3.3.9) die am realen System streng gültige Beziehung $\delta s_{\mathrm{II}l} = 0$ auch tatsächlich von den Termen erster Ordnung befriedigt wird: Die Beziehung (3.1.13c) liefert zusammen mit der ersten Gleichung von (2.23b) bei Vernachlässigung der von zweiter Ordnung kleinen Größen zunächst

$$\delta s_{\mathrm{II}l} = \pm \sin\gamma_l\,\delta v + \cos\gamma_l\,\delta w \pm (b\cos\gamma_l - r_0\sin\gamma_l)\,\delta\varphi + \left[\left(\mp v'_G - \frac{g'}{2}\right)\sin\gamma_l - (w'_G \pm b\varphi'_G)\cos\gamma_l\right]\delta s\,.$$

Berücksichtigen wir hierin nun (3.3.8) mit (3.3.9), so entsteht

$$\begin{aligned}\delta s_{\mathrm{II}l} = {} & [\pm\sin\gamma_l + \cos\gamma_l W_V \pm \Phi_V(b\cos\gamma_l - r_0\sin\gamma_l)]\,\delta v + \\ & + \{v'_G[\mp\sin\gamma_l - \cos\gamma_l W_V \mp \Phi_V(b\cos\gamma_l - r_0\sin\gamma_l)] + g'[-\tfrac{1}{2}\sin\gamma_l + \cos\gamma_l W_g \pm \Phi_g(b\cos\gamma_l - r_0\sin\gamma_l)] + \\ & + \varphi'_G[\pm b\cos\gamma_l - r_0 W_V\cos\gamma_l \mp (b\cos\gamma_l - r_0\sin\gamma_l)(1 - r_0\Phi_V)]\}\,\delta s\,.\end{aligned}$$

Wenn man nun W_V, Φ_V, W_g, Φ_g wieder entsprechend den Beziehungen (2.32) und (2.33) einsetzt, so erhält man nach einiger Rechnung

$$\begin{aligned}& \pm\sin\gamma_l + \cos\gamma_l W_V \pm \Phi_V(b\cos\gamma_l - r_0\sin\gamma_l) = 0\,, \\ & -\tfrac{1}{2}\sin\gamma_l + \cos\gamma_l W_g \pm \Phi_g(b\cos\gamma_l - r_0\sin\gamma_l) = 0\,, \\ & \mp b\cos\gamma_l - r_0 W_V\cos\gamma_l \pm (b\cos\gamma_l - r_0\sin\gamma_l)(1 - r_0\Phi_V) = 0\,,\end{aligned}$$

womit in der Tat

$$\delta s_{\mathrm{II}l} = 0 \tag{3.3.13}$$

folgt.

Werten wir nun die kinetische und potentielle Energie entsprechend den Lagrangeschen Bewegungsgleichungen unter Beachtung von $\dot{s} = v_0$ näher aus, so ergibt sich zunächst sehr einfach

$$\frac{\mathrm{d}}{\mathrm{d}t}\left(\frac{\partial T}{\partial\dot{u}}\right) = m\ddot{u}\,, \quad \frac{\partial T}{\partial u} = 0\,, \quad \frac{\partial U}{\partial u} = 2c_x u\,, \quad \frac{\mathrm{d}}{\mathrm{d}t}\left(\frac{\partial T}{\partial\dot{\chi}}\right) = I_y\dot{\chi}\,, \quad \frac{\partial T}{\partial\chi} = 0\,, \quad \frac{\partial U}{\partial\chi} = 0\,,$$

$$\frac{\mathrm{d}}{\mathrm{d}t}\left(\frac{\partial T}{\partial\dot{\psi}}\right) = I\ddot{\psi} - I_y\frac{v_0}{r_0}[\dot{\varphi}_G + \Phi_g\dot{g} + \Phi_V(\dot{v} - \dot{v}_G - r_0\dot{\varphi}_G)]\,, \quad \frac{\partial T}{\partial\psi} = 0\,, \quad \frac{\partial U}{\partial\psi} = 2c_x b_1^2\psi\,.$$

Ferner folgt

$$\frac{\partial T}{\partial\dot{v}} = m\dot{v} + mW_V(\dot{w}_G + W_g\dot{g} + W_V(\dot{v} - \dot{v}_G - r_0\dot{\varphi}_G)) + I\Phi_V(\dot{\varphi}_G + \Phi_g\dot{g} + \Phi_V(\dot{v} - \dot{v}_G - r_0\dot{\varphi}_G))\,.$$

Bilden wir nun $\mathrm{d}(\partial T/\partial\dot{v})/\mathrm{d}t$, so haben wir an sich

$$\dot{W}_V = \frac{\partial W_V}{\partial g}\dot{g} + \frac{\partial W_V}{\partial V}(\dot{v} - \dot{v}_G - r_0\dot{\varphi}_G) = W_{Vg}\dot{g} + W_{VV}(\dot{v} - \dot{v}_G - r_0\dot{\varphi}_G)$$

und analoge Beziehungen für W_g, Φ_V, Φ_g zu berücksichtigen. Da diese Größen aber immer selbst noch mit Größen multipliziert werden, die von erster Ordnung klein sind, entstehen mit ihnen von zweiter Ordnung kleine Größen, die wir wieder vernachlässigen. Auf diese Weise erhält man näherungsweise

$$\begin{aligned}\frac{\mathrm{d}}{\mathrm{d}t}\left(\frac{\partial T}{\partial\dot{v}}\right) = {} & m\,[1 + W_V^2 + (I/m)\,\Phi_V^2]\,\ddot{v} + mW_V\ddot{w}_G + (mW_VW_g + I\Phi_V\Phi_g)\,\ddot{g} - \\ & - (mW_V^2 + I\Phi_V^2)\,\ddot{v}_G + (I\Phi_V - mr_0W_V^2 - Ir_0\Phi_V^2)\,\ddot{\varphi}_G\,.\end{aligned}$$

Ebenso folgt

$$\begin{aligned}\frac{\partial T}{\partial v} = {} & m[\dot{w}_G + W_g\dot{g} + W_V(\dot{v} - \dot{v}_G - r_0\dot{\varphi}_G)]\,[\dot{g}W_{gV} + W_{VV}(\dot{v} - \dot{v}_G - r_0\dot{\varphi}_G)] + \\ & + I[\dot{\varphi}_G + \Phi_g\dot{g} + \Phi_V(\dot{v} - \dot{v}_G - r_0\dot{\varphi}_G)]\,[\dot{g}\Phi_{gV} + \Phi_{VV}(\dot{v} - \dot{v}_G - r_0\dot{\varphi}_G)] - I_y\frac{v_0}{r_0}\Phi_V\dot{\psi} \\ \approx {} & -I_y\frac{v_0}{r_0}\Phi_V\dot{\psi}\,.\end{aligned}$$

Schließlich berechnet man noch

$$\frac{\partial U}{\partial v} = -GW_V + 2c_y v + 2c_z[W_VW + b_1^2\Phi_V\Phi] + 2c_z(W_Vw_G + b_1^2\Phi_V\varphi_G)\,,$$

mit dem Gesamtgewicht des Fahrzeuges $G = G_R + 2c_z w_{st}$, und ferner

$$\frac{\mathrm{d}}{\mathrm{d}t}\left(\frac{\partial T}{\partial\dot{s}}\right)\bigg|_{\dot{s}=v_0} = m\ddot{u} - \frac{I_y}{r_0}[\ddot{\chi} + \ddot{\psi}(\varphi_G + \Phi) + \dot{\psi}(\dot{\varphi}_G + \Phi_g\dot{g} + \Phi_V(\dot{v} - \dot{v}_G - r_0\dot{\varphi}_G))] \approx m\ddot{u} - (I_yI_{r0})\,\ddot{\chi}\,, \tag{3.3.14}$$

$$\frac{\partial T}{\partial s} = 0\,, \quad \frac{\partial u}{\partial s} = 0\,.$$

Mit diesen Beziehungen sowie den generalisierten Kräften (3.3.12) entstehen die Bewegungsgleichungen

$$m\ddot{u} + 2c_x u + (T_{x_1} + T_{x_2}) = 0\,, \qquad I_y\ddot{\chi} + r_0(T_{x_1} + T_{x_2}) + M_A = 0\,, \tag{3.3.15}$$

$$I\ddot{\psi} - I_y\frac{v_0}{r_0}\Phi_V\dot{v} + 2c_z b_1^2\psi + b(T_{x_2} - T_{x_1}) = I_y\frac{v_0}{r_0}\left[\Phi_g\dot{g} - \Phi_V\dot{v}_G + (1 - r_0\Phi_V)\,\dot{\varphi}_G\right],$$

$$m\left[1 + W_V^2 + \frac{I}{m}\Phi_V^2\right]\ddot{v} + I_y\frac{v_0}{r_0}\Phi_V\dot{\psi} + 2c_y v + 2c_z[W_V W + b_1^2\Phi_V\Phi] -$$

$$-GW_V + \left(\frac{T_{y_1}}{\cos\gamma_1} + \frac{T_{y_2}}{\cos\gamma_2}\right)\frac{2b}{2b - r_0(\operatorname{tg}\gamma_1 + \operatorname{tg}\gamma_2)}$$

$$= (mW_V^2 + I\Phi_V^2)(\ddot{v}_G + r_0\ddot{\varphi}_G) - I\Phi_V\ddot{\varphi}_G - mW_V\ddot{w}_G - (mW_V W_g + I\Phi_V\Phi_g)\,\ddot{g} - 2c_z(W_V w_G + b_1^2\Phi_V\varphi_G)\,,$$

während die Gleichung für s infolge der geforderten konstanten Geschwindigkeit $\dot{s} = v_0$ wieder zu einer Bestimmungsgleichung für das hierzu notwendige Antriebsmoment wird:

$$M_A = r_0 m\ddot{u} - I_y[\ddot{\chi} + \ddot{\psi}(\varphi_G + \Phi) + \dot{\psi}(\dot{\varphi}_G + \Phi_g\dot{g} + \Phi_V(\dot{v} - \dot{v}_G - r_0\dot{\varphi}_G))] - \Delta r_1 T_{x_1} - \Delta r_2 T_{x_2} -$$

$$-r_0\left(\frac{T_{y_1}}{\cos\gamma_1} + \frac{T_{y_2}}{\cos\gamma_2}\right)\left[\psi + \frac{r_0}{v_0}\frac{1}{2b - r_0(\operatorname{tg}\gamma_1 + \operatorname{tg}\gamma_2)}\left(2b\dot{\varphi}_G + (\operatorname{tg}\gamma_1 + \operatorname{tg}\gamma_2)\,\dot{v}_G - \frac{\operatorname{tg}\gamma_2 - \operatorname{tg}\gamma_1}{2}\dot{g}\right)\right]$$

$$\approx r_0 m\ddot{u} - I_y\ddot{\chi}\,. \tag{3.3.15a}$$

Mit den Beziehungen (3.3.6a) und (3.3.10) lassen sich auch wieder die Geschwindigkeiten in Richtung der Einheitsvektoren $\mathfrak{t}_{x_l}$, $\mathfrak{t}_{y_l}$ des materiellen Punktes des Rades angeben, der gerade Kontaktpunkt ist:

$$v_{\mathfrak{t}x_l} = -\frac{\Delta r_l}{r_0}v_0 + \dot{u} \mp b\dot{\psi} + r_0\dot{\chi}\,, \tag{3.3.16}$$

$$v_{\mathfrak{t}y_l} = \frac{1}{\cos\gamma_l}\left\{-\psi v_0 + \frac{1}{2b - r_0(\operatorname{tg}\gamma_1 + \operatorname{tg}\gamma_2)}\left[2b\dot{v} - r_0\left(2b\dot{\varphi}_G + (\operatorname{tg}\gamma_1 + \operatorname{tg}\gamma_2)\dot{v}_G - \frac{1}{2}(\operatorname{tg}\gamma_2 - \operatorname{tg}\gamma_1)\dot{g}\right)\right]\right\}.$$

Natürlich ist $v_{\mathfrak{n}_l} = 0$.

3.4. Die tangentialen Kontaktkräfte zwischen Rad und Schiene

Betrachtet man Rad und Schiene als vollkommen starr, so gibt es nur folgende beiden Bewegungsformen

a) Das Rad rollt auf der Schiene ohne jegliches Rutschen. In der Tangentialfläche von Rad und Schiene wirkt die als Reaktionskraft zu behandelnde Haftreibungskraft, die nach dem Coulombschen Reibungsgesetz kleiner als $\mu_H N$ ist, wenn μ_H der Haftreibungskoeffizient und N die Normalkraft ist. Rad und Schiene bilden ein nichtholonomes System, da die Bewegung des Rades dadurch eingeschränkt ist, daß es nur in Richtung des Tangentenvektors $\mathfrak{t}_{x_l}$ rollen kann.

b) Das Rad rollt und rutscht gleichzeitig. In der Tangentialfläche wirkt nun die Gleitreibungskraft $\mu_G N$, die eine eingeprägte Kraft ist und entgegengesetzt zur Rutschrichtung angreift. Rad und Schiene bilden nun ein holonomes System.

Beide Bewegungsformen beschreiben bei Vergleich mit experimentellen Ergebnissen das wirkliche Verhalten nur sehr grob, da man bei Schienenfahrzeugen aufgrund des hohen Gewichtes der Fahrzeuge und damit der großen Normalkräfte zwischen Rad und Schiene diese in der Kontaktzone als elastisch berücksichtigen muß. Dies hat zur Konsequenz, daß sich Rad und Schiene nicht nur in einem Punkt sondern auf einer ganzen Fläche berühren, wobei diese Kontaktfläche schon nach bekannten Formeln aus der Theorie der HERTZschen Pressung berechnet werden kann. Man hat also in theoretischer Hinsicht ein elastisches Kontaktproblem rollender Körper zu lösen. Dies wurde von KALKER in der hierfür fundamentalen Arbeit [2] bzw. nach einer vereinfachten Theorie z. B. in [3] getan. Er fand, daß die tangentialen Kraftwirkungen von dem zwischen den beiden Körpern herrschenden sogenannten Schlupf und Spin (Bohrschlupf) bestimmt sind. Dabei ergibt sich der Schlupf als die Geschwindigkeitsdifferenz der beiden Körper im Zentrum der Kontaktfläche, dividiert durch die mittlere Rollgeschwindigkeit und der Spin als die Differenz der Winkelgeschwindigkeiten der beiden Körper um den durch das Zentrum der Kontaktfläche verlaufenden Normalenvektor, ebenfalls didiviert durch die mittlere Rollgeschwindigkeit. Beide Größen sind dabei im nichtdeformierten Zustand der beiden Körper zu bestimmen. Da die mittlere Rollgeschwindigkeit — angewendet auf das Rad-Schiene-System — mit der Fahrgeschwindigkeit v_0 übereinstimmt, erhält man bei sich nicht bewegendem Gleiskörper für den Schlupf in Rollrichtung und senkrecht zur Rollrichtung aus (3.3.16)

$$p_{x_l} = v_{\mathfrak{t}_{x_l}}/v_0 = -\frac{\Delta r_l}{r_0} + \frac{\dot{u} + r_0\dot{\chi} \mp b\dot{\psi}}{v_0}\,, \tag{3.4.1}$$

$$p_{y_l} = v_{\mathfrak{t}_{y_l}}/v_0 = \frac{1}{\cos\gamma_l}\left\{-\psi + \frac{2b\dfrac{\dot{v}}{v_0} - \dfrac{r_0}{v_0}\left[2b\dot{\varphi}_G + (\operatorname{tg}\gamma_1 + \operatorname{tg}\gamma_2)\dot{v}_G - \dfrac{1}{2}(\operatorname{tg}\gamma_2 - \operatorname{tg}\gamma_1)\,\dot{g}\right]}{2b - r_0(\operatorname{tg}\gamma_1 + \operatorname{tg}\gamma_2)}\right\}.$$

Zur Berechnung des Spin $q_l = \omega_{\mathfrak{n}l}/v_0$ benutzen wir (3.1.4) und (3.1.15), so daß für den Winkelgeschwindigkeitsvektor des Radsatzes bei Vernachlässigung von Größen, die von zweiter Ordnung klein sind,

$$\vec{\omega}^* = \dot{\varphi}\mathfrak{i}^* + \left(\dot{\chi} - \frac{v_0}{r_0}\right) \mathfrak{j}^* + \dot{\psi}\mathfrak{k}^*$$

gilt. Dessen Projektion auf den Normalenvektor $\mathfrak{n}_l$ ergibt sich dann unter Verwendung von (3.1.12a) zu

$$\omega_{\mathfrak{n}_l} = \frac{x_l^*}{r_l} \dot{\psi} \cos \gamma_l^* \pm \left(\dot{\chi} - \frac{v_0}{r_0}\right) \sin \gamma_l^* + \dot{\psi} \cos \gamma_l^* .$$

Damit folgt bei Berücksichtigung von $\gamma_l^* = \gamma_l \pm \Phi$ entsprechend (2.23a) der Spin im Rahmen einer Theorie erster Ordnung als

$$q_l = \pm \left(\frac{\dot{\chi}}{v_0} - \frac{1}{r_0}\right) \sin \gamma_l - \frac{\Phi}{r_0} \cos \gamma_l + \frac{\dot{\psi}}{v_0} \cos \gamma_l . \tag{3.4.2}$$

Wie KALKER gezeigt hat, sind die tangentialen Kontaktkräfte, die sogenannten Schlupfkräfte, im allgemeinen nichtlineare Funktionen des Schlupfes und Spins. Dies ist vor allem durch Folgendes bedingt: Die gesamte Kontaktfläche, die nach der HERTZschen Theorie eine Ellipse ist, kann man in eine sogenannte Adhäsionsfläche und in eine Rutschfläche (slip area) zerlegen. Auf der Adhäsionsfläche sind die elastischen Deformationen beider Körper gleich. Nur auf der Rutschfläche gleiten die Körperpartikelchen aufeinander und nur hier wird die durch das COULOMBsche Reibungsgesetz beschriebene Tangentialkraft von den einzelnen Flächenelementen übertragen, während die auf der Adhäsionsfläche geweckten Tangentialkräfte kleiner sind. Da die Größe der Rutschfläche von der Intensität des Schlupfes und Spins abhängt, ergibt sich somit eine nichtlineare Abhängigkeit der Gesamttangentialkraft von Schlupf und Spin. Insbesondere kann z. B. mit beliebig wachsendem Schlupf und Spin die Tangentialkraft nicht beliebig groß werden, da der Grenzwert μN nicht überschritten werden kann. Dieser stellt sich ein, wenn die gesamte Kontaktellipse zur Rutschfläche geworden ist. Es ist klar, daß auch unterhalb dieses Grenzfalles schon eine gewisse Sättigung der zu übertragenden Tangentialkraft eintreten wird.

Setzt man jedoch voraus, daß die Rutschfläche klein im Verhältnis zur Adhäsionsfläche ist oder mit anderen Worten, daß die Abweichungen vom reinen Rollzustand nur gering sind, so ergeben sich im Rahmen einer asymptotischen Theorie die folgenden linearen Beziehungen für die Schlupfkräfte:

$$T_{x_l} = k_{xl} p_{x_l} , \qquad T_{y_l} = k_{yl} p_{y_l} + k_{zl} q_l . \tag{3.4.3}$$

Die Schlupfkoeffizienten k_{xl}, k_{yl} und k_{zl} sind durch

$$k_{xl} = Gc^2 c_{11} , \qquad k_{yl} = Gc^2 c_{22} , \qquad k_{zl} = Gc^3 c_{23} \tag{3.4.4}$$

gegeben, wobei G der Schubmodul ist. Ferner sind c_{11}, c_{22}, c_{23} drei Funktionen des Achsenverhältnisses a/b der Kontaktellipse und der Poissonschen Zahl ν, die man z. B. in [2] in tabellarischer Form vorfindet, und weiter ist

$$c = \sqrt{ab} . \tag{3.4.5}$$

Die Achsen a, b der Kontaktellipse sowie c selbst können nach bekannten Formeln der HERTZschen Theorie berechnet werden, wobei hier die Normalkraft N_l sowie die die Schienenoberfläche beschreibenden Krümmungsradien

$$\varrho_x = \infty , \qquad \varrho_{yl} = \varrho_l \tag{3.4.6}$$

und die die Radoberfläche beschreibenden Krümmungsradien

$$\varrho_{xl}^* = \frac{r_l}{\cos \gamma_l} , \qquad \varrho_{yl}^* = \varrho_l^* \tag{3.4.7}$$

am jeweiligen Kontaktpunkt eingehen. Mit einer Lageänderung des Kontaktpunktes verändern sich somit auch die Schlupfkoeffizienten, so daß durch (3.4.3) erneut Nichtlinearitäten entstehen. Obwohl die Abhängigkeit von den Krümmungsradien formelmäßig recht kompliziert ist, ergeben sich für die üblichen Profilfunktionen jedoch nicht allzu signifikante Schwankungen in den Schlupfkoeffizienten. Jedenfalls sind diese wesentlich geringer als die durch die kinematischen Zwangsbedingungen bedingten Nichtlinearitäten. Die Abhängigkeit von der Normalkraft ist derart, daß

$$c^3 \sim N_l \quad \text{und damit} \quad k_{xl}, k_{yl} \sim N_l^{2/3} , \qquad k_{zl} \sim N_l \tag{3.4.8}$$

gilt. Setzt man die Normalkräfte zu

$$N_l = N_0 + \Delta N_l \tag{3.4.9}$$

an, wobei N_0 der aufgrund der statischen Vorbelastung konstante Mittelwert in der Zentralposition und ΔN_l der infolge der dynamischen Kräfte und durch die Auslenkung aus der Zentralposition bedingte veränderliche Anteil ist, so kann man sicherlich ΔN_l als eine im Vergleich zu N_0 von erster Ordnung kleine Größe ansehen. Die durch ΔN_l verursachten Schwankungen in den Schlupfkräften sind dann in der Regel von zweiter Ordnung klein. Bei nicht allzu großen Genauigkeitsansprüchen kann man deshalb bei der Bestimmung der Schlupfkoeffizienten die Zentralposition bzw. einen geeignet gewählten Mittelwert zugrunde legen, wodurch sich die Rechnung wesentlich vereinfacht. Da jedoch der Spin einen Term nullter Größenordnung enthält, nämlich $\mp(1/r_0) \sin \gamma_l$, wollen wir wenigstens bei k_{zl} die Schwankungen der Normalkraft berücksichtigen:

$$k_{zl} \approx k_{zl}(N_0) + \frac{\partial k_{zl}}{\partial N_l}\bigg|_{N_l = N_0} \Delta N_l = k_z + k'_{zl} \Delta N_l = k_z + k_z \frac{\Delta N_l}{N_0} \quad \text{wegen} \quad k_{zl} \sim N_l . \tag{3.4.10}$$

Wir erwähnen noch, daß durch Schlupf und Spin auch ein um den Normalenvektor wirkendes Moment ausgelöst wird. Dieses hat jedoch nur einen sehr geringen Einfluß und kann vernachlässigt werden (siehe [4]).

Bezeichnen wir mit k_x, k_y die in der Zentralposition berechneten Schlupfkoeffizienten, so ergeben sich mit (3.4.3), (3.4.1) und (3.4.2) aus (3.3.15) die folgenden Bewegungsgleichungen:

$$\begin{aligned}
& m\ddot{u} + 2c_x u + 2\frac{k_x}{v_0}\dot{u} + 2\frac{k_x}{v_0} r_0 \dot{\chi} = \frac{k_x}{r_0}\Delta r^+ , \\
& \frac{I_y}{r_0}\ddot{\chi} + \frac{2k_x}{v_0}\dot{u} + \frac{2k_x r_0}{v_0}\dot{\chi} = \frac{k_x}{r_0}\Delta r^+ - \frac{M_A}{r_0}, \\
& I\ddot{\psi} + 2c_x b_1^2 \psi - \frac{I_y v_0}{r_0}\Phi_V \dot{v} + \frac{2b^2 k_x}{v_0}\dot{\psi} = \frac{I_y v_0}{r_0}[\Phi_g \dot{g} - \Phi_V \dot{v}_G + (1 - r_0 \Phi_V)\,\dot{\varphi}_G] - \frac{b k_x}{r_0}\Delta r^- , \\
& m\left[1 + W_V^2 + \frac{I}{m}\Phi_V^2\right]\ddot{v} + \frac{I_y v_0}{r_0}\Phi_V \dot{\psi} + 2c_y v + \frac{k_y}{v_0} H_2 H_1 \dot{v} - k_y H_1 \psi + \\
& \quad + \frac{2k_z}{v_0} H_2 \dot{\psi} - \frac{2k_z}{v_0} W_V \dot{\chi} + \left(\frac{2k_z}{r_0} - G\right) W_V + 2c_z(W W_V + b_1^2 \Phi \Phi_V) - \frac{2k_z}{r_0} H_2 \Phi = \\
& \quad = m\left[\left(W_V^2 + \frac{I}{m}\Phi_V^2\right)(\ddot{v}_G + r_0 \ddot{\varphi}_G) - \left(W_V W_g + \frac{I}{m}\Phi_V \Phi_g\right)\ddot{g} - W_V \ddot{w}_G\right] - I\Phi_V \ddot{\varphi}_G - \\
& \quad - 2c_z(W_V w_G + b_1^2 \Phi_V \varphi_G) + \frac{k_y r_0}{v_0} H_1(H_2 \dot{\varphi}_G - \Phi_V \dot{v}_G + \Phi_g \dot{g}) - \frac{k_z}{N_0 r_0} H_2(\Delta N_2 tg\,\gamma_2 - \Delta N_1 \operatorname{tg}\gamma_1) .
\end{aligned} \tag{3.4.11}$$

Dabei haben wir die Abkürzungen

$$\Delta r^+ = \Delta r_1 + \Delta r_2 = r_1 + r_2 - 2r_0 , \qquad \Delta r^- = \Delta r_1 - \Delta r_2 = r_1 - r_2 , \tag{3.4.12}$$

$$H_1 = \frac{2b(\cos^{-2}\gamma_1 + \cos^{-2}\gamma_2)}{2b - r_0(\operatorname{tg}\gamma_1 + \operatorname{tg}\gamma_2)}, \qquad H_2 = \frac{2b}{2b - r_0(\operatorname{tg}\gamma_1 + \operatorname{tg}\gamma_2)}$$

eingeführt. Wir erinnern daran, daß die eingeführten zehn Abkürzungen

$$\Delta r^+,\ \Delta r^-,\ H_1,\ H_2,\ W,\ \Phi,\ W_V,\ W_g,\ \Phi_V,\ \Phi_g \tag{3.4.13}$$

sämtlich zweidimensionale Funktionen der Spurweite g und der relativen seitlichen Verschiebung $V = v - v_G - r_0\varphi_G$ des Radsatzes gegenüber dem Gleiskörper sind, die in Abhängigkeit von den Profilfunktionen r und f bestimmt werden müssen. Dies macht das Problem für den allgemeinen Fall außerordentlich kompliziert. Man erkennt auch, daß im nichtlinearen Falle vor allem über Δr^+ eine Kopplung zwischen den symmetrischen Koordinaten u, χ und den antimetrischen ψ, v vorliegt. Es gehen auch sämtliche vier Gleisstörfunktionen v_G, φ_G, w_G, g ein.

3.5. Bestimmung der Normalkräfte N_l

Die vierte und dritte Gleichung von (3.1.18) schreiben sich als

$$\begin{aligned}
& (r_0 \sin\gamma_1 - b\cos\gamma_1) N_1 + (b\cos\gamma_2 - r_0\sin\gamma_2) N_2 = I\ddot{\varphi} + I_y\frac{v_0}{r_0}\dot{\psi} + 2b_1^2 c_z \varphi - \\
& \quad - b(T_{y_1}\sin\gamma_1 + T_{y_2}\cos\gamma_2) - r_0(T_{y_1}\cos\gamma_1 + T_{y_2}\cos\gamma_2) , \\
& \cos\gamma_1 N_1 + \cos\gamma_2 N_2 = G + T_{y_1}\sin\gamma_1 - T_{y_2}\sin\gamma_2 - m\ddot{w} - 2c_z w .
\end{aligned} \tag{3.5.1}$$

Dies ist ein lineares Gleichungssystem für N_1 und N_2 mit den Lösungen

$$\begin{aligned}
N_1 = \frac{1}{2b - r_0(\operatorname{tg}\gamma_1 + \operatorname{tg}\gamma_2)} \Bigg\{ & T_{y_1}[r_0(1 - \operatorname{tg}\gamma_1 \operatorname{tg}\gamma_2) + 2b\operatorname{tg}\gamma_1] + \frac{r_0}{\cos\gamma_1\cos\gamma_2} T_{y_2} + \\
& + \frac{b - r_0\operatorname{tg}\gamma_2}{\cos\gamma_1}(G - m\ddot{w} - 2c_z w) - \frac{1}{\cos\gamma_1}\left(I\ddot{\varphi} + \frac{I_y v_0}{r_0}\dot{\psi} + 2b_1^2 c_z \varphi\right)\Bigg\},
\end{aligned} \tag{3.5.2a}$$

$$\begin{aligned}
N_2 = \frac{1}{2b - r_0(\operatorname{tg}\gamma_1 + \operatorname{tg}\gamma_2)} \Bigg\{ & - T_{y_2}[r_0(1 - \operatorname{tg}\gamma_1 \operatorname{tg}\gamma_2) + 2b\operatorname{tg}\gamma_2] - \frac{r_0}{\cos\gamma_1\cos\gamma_2} T_{y_1} + \\
& + \frac{b - r_0\operatorname{tg}\gamma_1}{\cos\gamma_2}(G - m\ddot{w} - 2c_z w) + \frac{1}{\cos\gamma_2}\left(I\ddot{\varphi} + \frac{I_y v_0}{r_0}\dot{\psi} + 2b_1^2 c_z \varphi\right)\Bigg\}.
\end{aligned} \tag{3.5.2b}$$

Den konstanten Mittelwert N_0 in der Zentralposition erhält man, indem man in den obigen Beziehungen $\gamma_1 = \gamma_2 = \gamma_0$ setzt und die dynamischen Anteile streicht. Es ergibt sich z. B. aus der Gleichung für N_1

$$N_0 = \frac{1}{2(b - r_0 \operatorname{tg} \gamma_0)} \left\{ k_z[r_0(1 - \operatorname{tg}^2 \gamma_0) + 2b \operatorname{tg} \gamma_0] \left(-\frac{1}{r_0} \sin \gamma_0 \right) + \frac{r_0}{\cos^2 \gamma_0} \frac{k_z \sin \gamma_0}{r_0} + \frac{b - r_0 \operatorname{tg} \gamma_0}{\cos \gamma_0} G \right\}$$

$$= \frac{G}{\cos \gamma_0} \left(\frac{1}{2} - \frac{k_z \sin^2 \gamma_0}{r_0} \right)$$

und nach Berücksichtigung von $k_z = N_0 k_z'$

$$N_0 = \frac{G}{2\left(\cos \gamma_0 + \frac{k_z'}{r_0} \sin^2 \gamma_0\right)} \approx \frac{G}{2}, \tag{3.5.3}$$

da die Konizität γ_0 in der Zentralposition in der Schienenfahrzeugpraxis sehr klein ($\gamma_0 \approx 1/15$ bis $1/40$) und $k_z'/r_0 \approx 0{,}8$ (siehe [1], S. 65) ist.

Das gleiche Ergebnis kann man auch mittels der Gleichung für N_2 bestätigen. Setzt man in (3.5.1—2) die Schlupfkräfte vermittels (3.4.1—3) ein und drückt man ferner w und φ durch die Zwangsbedi ngungen (2.25) aus, so erhält man die Normalkräfte und damit auch die Normalkraftschwankungen in Abhängigkreitvon den Koordinaten v, ψ, χ und den stochastischen Störfunktionen. Wir werden das jedoch nur in linearisierte Form tun (siehe 4.).

4. Linearisierung der Bewegungsgleichungen

Da man Radflankenkontakte unter realen Bedingungen nicht ausschließen kann, ist es an sich notwendig, die nichtlinearen Bewegungsgleichungen (3.4.11) in Rechnung zu stellen, in denen wenigstens die signifikantesten Effekte, die aufgrund der kinematischen Bedingungen mit einem Radflankenkontakt verbunden sind, berücksichtigt wurden. Interessiert man sich jedoch nur für sehr kleine Bewegungen, bei denen Radflankenkontakte ausgeschlossen oder zumindest sehr selten sind, so ist es möglich, die Bewegungsgleichungen zu linearisieren. Dadurch erhält man bereits eine wesentliche Einsicht in die Problematik. Hinzu kommt, daß man bei den meisten Lösungsverfahren nichtlinearer Bewegungsgleichungen von der Kenntnis des linearen Grundsystems ausgehen muß.

Bei einer Linearisierung hat man die linearen Anteile der nichtlinearen Funktionen (3.4.13) zu bestimmen, die den differentiellen Zuwächsen bei einer kleinen Auslenkung aus der Zentralposition entsprechen. Entgegen der bisher üblichen Praxis in der Schienenfahrzeugdynamik, bei der hierzu die Profilfunktionen von Rad und Schiene etwas umständlich zunächst durch Kreisbögen approximiert werden („Kreisbogentheorie", z. B. [7]), findet man diese deshalb sofort, wenn man die erste Variation der entsprechenden Funktion in der Zentralposition (ZP) bestimmt. Auf diese Weise kann man die Gleichungen der virtuellen Verrückungen (2.28) bis (2.30) für eine Linearisierung ausnutzen und es wird außerdem sofort deutlich, daß die entsprechenden Linearisierungsparameter natürlich nicht nur für Kreisbogenprofile sondern ganz allgemein gültig sind.

Auf diese Weise findet man z. B. für die Laufradiendifferenz

$$\Delta r^- = r_1 - r_2 = r(\eta_1^*) - r(\eta_2^*)$$

den entsprechenden Linearisierungsparameter Δr_{lin}^- wie folgt:

$$\delta \Delta r^-|_{\text{ZP}} = r'(0)\,(\delta\eta_1^* - \delta\eta_2^*)|_{\text{ZP}} = \gamma_0(\delta\eta_1^* - \delta\eta_2^*)|_{\text{ZP}}\,, \qquad (r'(0) = \operatorname{tg} \gamma_0 \approx \gamma_0)\,.$$

Nach (2.29a) gilt bei Zugrundelegung der ZP wegen $\gamma_1 = \gamma_2 = \gamma_1^* = \gamma_2^* = \gamma_0$

$$\delta\eta_i^*|_{\text{ZP}} = \frac{\varrho^*}{\varrho - \varrho^*} \left\{ \frac{b - r_0 \operatorname{tg} \gamma_0}{2(b - r_0 \operatorname{tg} \gamma_0)} \delta g \mp \frac{2b + 2\varrho \sin \gamma_0}{2(b - r_0 \operatorname{tg} \gamma_0)} \delta V \right\}, \tag{4.1}$$

wobei ϱ und ϱ^* nun den Krümmungsradius des Schienen- bzw. Radprofils im Kontaktpunkt der ZP bezeichnen. Da der Kontaktwinkel γ_0 in der ZP in der Realität stets sehr klein ist, erhält man mit ausreichender Genauigkeit

$$(\delta\eta_1^* - \delta\eta_2^*)|_{\text{ZP}} = \frac{\varrho^*}{\varrho^* - \varrho} 2\delta V$$

und damit den Linearisierungsparameter

$$\Delta r_{\text{lin}}^- = \gamma_0 \frac{\varrho^*}{\varrho^* - \varrho} 2V\,, \qquad V = v - v_G - r_0\varphi_G\,. \tag{4.2}$$

In linearer Näherung hat also die Spurweitenänderung $g(t)$ keinen Einfluß auf die Laufradiendifferenz vom rechten und linken Rad, was auch anschaulich einleuchtend ist. Den Parameter

$$\lambda = \frac{\Delta r_{\text{lin}}}{2V} = \gamma_0 \frac{\varrho^*}{\varrho^* - \varrho} \tag{4.3}$$

bezeichnet man als wirksame oder effektive Konizität. Während bei einem konischen Profil $\varrho^* = \infty$ und somit $\lambda = \gamma_0$ ist, so daß sich nur ein geringer Konizitätswert ergibt, wächst bei einem Verschleißprofil oder bei stark abgenutzten Profilen infolge der dann geringen Radiendifferenz $\varrho^* - \varrho$ die wirksame Konizität auf ein Mehrfaches an. Ursache hierfür ist das starke Auswandern des Kontaktpunktes aus der ZP bei ähnlichem Rad- und Schienenprofil infolge der φ-Drehung des Radsatzes, die stets mit einer seitlichen Verschiebung verbunden ist.

Für Δr^+ erhält man den Linearisierungsparameter ganz analog:

$$\delta\,\Delta r^+|_{ZP} = r'(0)\,(\delta\eta_1^* + \delta\eta_2^*)|_{ZP} = -\gamma_0\,\frac{\varrho^*}{\varrho^*-\varrho}\,\delta g \tag{4.4}$$

und damit

$$\Delta r^+_{\text{lin}} = -\lambda g\,. \tag{4.4a}$$

Aus 2.28 liest man sofort ab

$$\Phi_{\text{lin}} = -\frac{\operatorname{tg}\gamma_0}{b - r_0\operatorname{tg}\gamma_0}\,V \approx -\frac{\gamma_0}{b}\,V\,,\qquad W_{\text{lin}} = \frac{\operatorname{tg}\gamma_0(b - r_0\operatorname{tg}\gamma_0)\,g}{2(b - r_0\operatorname{tg}\gamma_0)} \approx \frac{\gamma_0}{2}\,g\,, \tag{4.5), (4.6}$$

während für

$$W_V = \frac{b(\operatorname{tg}\gamma_2 - \operatorname{tg}\gamma_1)}{2b - r_0(\operatorname{tg}\gamma_1 + \operatorname{tg}\gamma_2)},$$

$$\delta W_V|_{ZP} = \left.\frac{\partial W_V}{\partial\gamma_1}\right|_{\gamma_1=\gamma_0}\delta\gamma_1|_{ZP} + \left.\frac{\partial W_V}{\partial\gamma_2}\right|_{\gamma_2=\gamma_0}\delta\gamma_2|_{ZP}$$

nach Berücksichtigung von (2.30b) und (2.29b)

$$(W_V)_{\text{lin}} = \frac{b(b + \varrho^*\sin\gamma_0)}{(\varrho - \varrho^*)\cos^3\gamma_0(b - r_0\operatorname{tg}\gamma_0)^2}\,V \approx -\frac{b + \varrho^*\gamma_0}{(\varrho^* - \varrho)\,b}\,V\text{[1]} \tag{4.7}$$

folgt.

Die Größen H_1, H_2, W_g, Φ_V, Φ_g kommen in (3.4.11) stets nur in multiplikativer Verknüpfung mit kleinen Größen vor, so daß es für eine komplette Linearisierung hier genügt, jeweils nur den konstanten, in der ZP sich ergebenden Wert einzusetzen. Man erhält dann mit (3.4.12), (2.32) und (2.33)

$$H_1 \approx 2\,,\qquad H_2 \approx 1\,,\qquad W_g \approx \frac{\gamma_0}{2}\,,\qquad \Phi_V \approx -\frac{\gamma_0}{b}\,,\qquad \Phi_g \approx 0\,. \tag{4.8}$$

Die Berücksichtigung der berechneten Linearisierungsparameter in (3.4.11) führt bei gleichzeitiger Vernachlässigung sehr kleiner Glieder von der Ordnung γ_0^2 auf die Bewegungsgleichungen System I (symmetrische Bewegungen):

$$\begin{pmatrix} m & 0 \\ 0 & \dfrac{I_y}{r_0}\end{pmatrix}\begin{pmatrix}\ddot u \\ \ddot\chi\end{pmatrix} + \frac{2k_x}{v_0}\begin{pmatrix} 1 & r_0 \\ 1 & r_0\end{pmatrix}\begin{pmatrix}\dot u \\ \dot\chi\end{pmatrix} + \begin{pmatrix} 2c_x & 0 \\ 0 & 0\end{pmatrix}\begin{pmatrix} u \\ \chi\end{pmatrix} = -\begin{pmatrix}\dfrac{k_x}{r_0}\lambda g(t) \\ \dfrac{k_x}{r_0}\lambda g(t) + \dfrac{M_A}{r_0}\end{pmatrix}. \tag{4.9}$$

System II (seitliche unsymmetrische Bewegungen):

$$\begin{bmatrix} m & 0 \\ 0 & I\end{bmatrix}\begin{bmatrix}\ddot v \\ \ddot\psi\end{bmatrix} + \begin{bmatrix}\dfrac{2k_y}{v_0} & \dfrac{2k_z}{v_0} - \dfrac{I_y v_0}{r_0 b}\gamma_0 \\ \dfrac{I_y v_0}{r_0 b}\gamma_0 & \dfrac{2b^2}{v_0}k_x\end{bmatrix}\begin{bmatrix}\dot v \\ \dot\psi\end{bmatrix} + \begin{bmatrix} 2c_y + \dfrac{G\left(1 - \dfrac{k_z'}{r_0} + \gamma_0\dfrac{\varrho^*}{b}\right)}{\varrho^* - \varrho}, & -2k_y \\ 2k_x\dfrac{b}{r_0}\lambda & 2c_x b_1^2\end{bmatrix}\begin{bmatrix} v \\ \psi\end{bmatrix} = \begin{bmatrix} x_1^*(t) - n(t) \\ x_2(t)\end{bmatrix} \tag{4.10}$$

mit den stochastischen Erregerfunktionen

$$x_1^*(t) = -\frac{G\left(1 - \dfrac{k_z'}{r_0} + \gamma_0\dfrac{\varrho^*}{b}\right)}{\varrho^* - \varrho}\,v_G + 2k_y\frac{r_0}{b}\frac{\gamma_0}{v_0}\,\dot v_G + \left[\frac{G\left(1 - \dfrac{k_z'}{r_0} + \gamma_0\dfrac{\varrho^*}{b}\right)}{\varrho^* - \varrho} + 2c_z\frac{b_1^2}{br_0}\gamma_0\right] r_0\varphi_G +$$
$$+ \frac{2k_y}{v_0}\,r_0\dot\varphi_G + \frac{I}{b}\gamma_0\ddot\varphi_G\,, \tag{4.11a}$$

$$x_2(t) = \frac{I_y v_0}{r_0}\left(\dot\varphi_G + \gamma_0\frac{\dot v_G}{b}\right) + 2k_x\frac{b}{r_0}\lambda(v_G + r_0\varphi_G) \tag{4.11b}$$

und den durch die Normalkraftschwankungen verursachten Term

$$n(t) = \frac{k_z'}{r_0}(\Delta N_2\operatorname{tg}\gamma_2 - \Delta N_1\operatorname{tg}\gamma_1). \tag{4.12}$$

Bevor wir die erhaltenen Gleichungen diskutieren, wollen wir diesen Term noch in seiner linearisierten Form näher auswerten:

---

[1] Die Berücksichtigung des Termes $\varrho^*\gamma_0$ erweist sich als notwendig, weil bei einem konischen Radprofil im Neuzustand $\varrho^* = \infty$ ist (im Gegensatz zu ϱ, das meistens in der Größenordnung von 20 bis 30 cm liegt).

Da ΔN_l keinen konstanten Term enthält, bekommen wir zunächst

$$n_{\text{lin}} = \frac{k_z'}{r_0} (\Delta N_2 - \Delta N_1)_{\text{lin}} \gamma_0 = \frac{k_z'}{r_0} \gamma_0 (N_2 - N_1)_{\text{lin}} . \tag{4.13}$$

Nach (3.5.2) können wir für die Normalkraft

$$N = N_l^1 + N_l^2 + N_l^3; \qquad l = 1, 2 \tag{4.14}$$

schreiben mit

$$N^1_{\substack{1\\(2)}} = {\scriptstyle\binom{+}{(-)}} \left\{ \frac{r_0(1 - \operatorname{tg}\gamma_1 \operatorname{tg}\gamma_2) + 2b \operatorname{tg}\gamma_{\substack{1\\(2)}}}{2b - r_0(\operatorname{tg}\gamma_1 + \operatorname{tg}\gamma_2)} T_{y_{\substack{1\\(2)}}} + \frac{r_0 \cos^{-1}\gamma_1 \cos^{-1}\gamma_2}{2b - r_0(\operatorname{tg}\gamma_1 + \operatorname{tg}\gamma_2)} T_{y_{\substack{2\\(1)}}} \right\}, \tag{4.15a}$$

$$N^2_{\substack{1\\(2)}} = \frac{b - r_0 \operatorname{tg}\gamma_{\substack{2\\(1)}}}{\cos\gamma_{\substack{1\\(2)}}[2b - r_0(\operatorname{tg}\gamma_1 + \operatorname{tg}\gamma_2])} (G - m\ddot{w} - 2c_z w) \tag{4.15b}$$

und

$$N_l^3 = \mp \frac{\cos^{-1}\gamma_l}{2b - r_0(\operatorname{tg}\gamma_1 + \operatorname{tg}\gamma_2)} \left(I\ddot{\varphi} + \frac{I_y v_0}{r_0} \dot{\psi} + 2b_1^2 c_z \varphi \right); \qquad l = 1, 2 . \tag{4.15c}$$

Wir linearisieren zunächst die Schlupfkräfte

$$T_{y_l} = k_y p_{y_l} + k_z q_l; \qquad l = 1, 2 . \tag{4.16}$$

Für den Schlupf p_{y_l} folgt wieder unter Berücksichtigung der Kleinheit des Kontaktwinkels γ_0 in der ZP aus (3.4.1) sofort

$$(p_{y_l})_{\text{lin}} = v_0^{-1} \left(\dot{v} - r_0 \dot{\varphi}_G - \frac{r_0}{b} \gamma_0 \dot{v}_G - v_0 \psi \right), \tag{4.17}$$

und für den Spin erhält man aus (3.4.2) unter Berücksichtigung von (4.5) zunächst

$$(q_l)_{\text{lin}} = \pm \frac{\dot{\chi}}{v_0} \gamma_0 \pm \frac{1}{r_0} \sin \gamma_l|_{\text{lin}} + \frac{\gamma_0}{r_0 b} (v - v_G - r_0 \varphi_G) + \frac{\dot{\psi}}{v_0},$$

bevor mit

$$(\sin \gamma_l)_{\text{lin}} = \sin \gamma_0 + \cos \gamma_0 \, \delta\gamma_l|_{ZP} \approx \gamma_0 + \delta\gamma_l|_{ZP}$$

und entsprechend (2.30b), (2.29b)

$$\delta\gamma_l|_{ZP} \approx - \frac{1}{\varrho^* - \varrho} \frac{\delta g}{2} \pm \frac{b + \varrho^* \gamma_0}{b(\varrho^* - \varrho)} \delta V , \tag{4.18}$$

$$(q_l)_{\text{lin}} = \mp \frac{\gamma_0}{r_0} + \frac{1}{v_0} (\pm \gamma_0 \dot{\chi} + \dot{\psi}) \pm \frac{1}{r_0} \frac{1}{\varrho^* - \varrho} \frac{g}{2} - \frac{1}{r_0(\varrho^* - \varrho)} V \tag{4.19}$$

folgt. Damit ergibt sich die linearisierte Schlupfkraft

$$T_{y_l} = \mp \frac{k_z}{r_0} \gamma_0 + \frac{k_y}{v_0} \left(\dot{v} - r_0 \dot{\varphi}_G - \frac{r_0}{b} \gamma_0 \dot{v}_G - v_0 \psi \right) + k_z \left[\frac{\pm \gamma_0 \dot{\chi} + \dot{\psi}}{v_0} \pm \frac{1}{r_0(\varrho^* - \varrho)} \frac{g}{2} - \frac{V}{r_0(\varrho^* - \varrho)} \right]. \tag{4.20}$$

Da nur der erste Term einen konstanten Anteil darstellt, folgt aus (4.15a) für den linearisierten Normalkraftanteil

$$\begin{aligned} N^1_{\substack{1\\(2)}} = {} & \binom{+}{(-)} \frac{r_0 + 2b\gamma_0}{2b} \left\{ \frac{k_y}{v_0} \left(\dot{v} - r_0 \dot{\varphi}_G - \frac{r_0}{b} \gamma_0 \dot{v}_G - v_0 \psi \right) + k_z \left[\frac{\binom{+}{(-)} \gamma_0 \dot{\chi} + \dot{\psi}}{v_0} \binom{+}{(-)} \frac{g}{2r_0(\varrho^* - \varrho)} - \frac{V}{r_0(\varrho^* - \varrho)} \right] \right\} \binom{+}{(-)} \\ & \binom{+}{(-)} \frac{r_0}{2b} \left\{ \frac{k_y}{v_0} \left(\dot{v} - r_0 \dot{\varphi}_G - \frac{r_0}{b} \gamma_0 \dot{v}_G - v_0 \psi \right) + k_z \left[\frac{(\mp) \gamma_0 \dot{\chi} + \dot{\psi}}{v_0} \binom{-}{(+)} \frac{g}{2r_0(\varrho^* - \varrho)} - \frac{V}{r_0(\varrho^* - \varrho)} \right] \right\} \\ & - \frac{k_z}{r_0} \gamma_0 \left\{ \frac{r_0 + 2b\gamma_0}{2b} + \frac{\partial f_1(\gamma_1, \gamma_2)}{\partial \gamma_1} \bigg|_{ZP} \delta\gamma_1 \bigg|_{ZP} + \frac{\partial f_1(\gamma_1, \gamma_2)}{\partial \gamma_2} \bigg|_{ZP} \delta\gamma_2 \bigg|_{ZP} \right\} + \\ & + \frac{k_z}{r_0} \gamma_0 \left\{ \frac{r_0}{2b} + \frac{\partial f_2(\gamma_1, \gamma_2)}{\partial \gamma_1} \bigg|_{ZP} \delta\gamma_1 \bigg|_{ZP} + \frac{\partial f_2(\gamma_1, \gamma_2)}{\partial \gamma_2} \bigg|_{ZP} \delta\gamma_2 \bigg|_{ZP} \right\}, \end{aligned}$$

wobei abkürzend

$$f_1(\gamma_1, \gamma_2) = \frac{r_0(1 - \operatorname{tg}\gamma_1 \operatorname{tg}\gamma_2) + 2b \operatorname{tg}\gamma_{\substack{1\\(2)}}}{2b - r_0(\operatorname{tg}\gamma_1 + \operatorname{tg}\gamma_2)}, \qquad f_2(\gamma_1, \gamma_2) = \frac{r_0 \cos^{-1}\gamma_1 \cos^{-1}\gamma_2}{2b - r_0(\operatorname{tg}\gamma_1 + \operatorname{tg}\gamma_2)}$$

eingeführt wurde. Man erhält zunächst

$$N_{\underset{(2)}{1}}^{1} = \underset{(-)}{+} \frac{r_0 + b\gamma_0}{b} \left\{ \frac{k_y}{v_0} \left(\dot{v} - r_0 \dot{\varphi}_G - \frac{r_0}{b} \gamma_0 \dot{v}_G - v_0 \psi \right) + k_z \left(\frac{\dot{\psi}}{v_0} - \frac{V}{r_0(\varrho^* - \varrho)} \right) \right\} +$$

$$+ \gamma_0 k_z \left\{ \frac{\gamma_0}{r_0} + \frac{\gamma_0}{v_0} \dot{\chi} + \frac{1}{r_0(\varrho^* - \varrho)} \frac{g}{2} \right\} + \frac{k_z}{r_0} \gamma_0 \left\{ \frac{\partial(f_2 - f_1)}{\partial \gamma_1} \bigg|_{ZP} \delta\gamma_1 \bigg|_{ZP} + \frac{\partial(f_2 - f_1)}{\partial \gamma_2} \bigg|_{ZP} \delta\gamma_2 \bigg|_{ZP} \right\}$$

und die weitere Auswertung führt bei Berücksichtigung von (4.18) in guter Näherung auf

$$N_l^1 = \pm k_y \left[\frac{r_0}{bv_0} \left(\dot{v} - r_0 \dot{\varphi}_G - \frac{r_0}{b} \gamma_0 \dot{v}_G \right) - \frac{r_0}{b} \psi \right] \pm k_z \left[\frac{r_0}{b} \frac{\dot{\psi}}{v_0} - \frac{1}{b(\varrho^* - \varrho)} V \right] + k_z \frac{\gamma_0}{r_0(\varrho^* - \varrho)} g; \quad l = 1, 2 . \tag{4.21}$$

Die Linearisierung von (4.15b) liefert mit (4.6) und

$$\ddot{w} = \ddot{w}_G + W_g \ddot{g} + W_V \ddot{v} = \ddot{w}_G + \frac{\gamma_0}{2} \ddot{g}$$

zunächst

$$N_{\underset{(2)}{1}}^{2} = -\frac{1}{2} \left[m \ddot{w}_G + m \frac{\gamma_0}{2} \ddot{g} + 2c_z \left(w_G + \frac{\gamma_0}{2} g \right) \right] + G \left(\frac{1}{2} + \frac{\partial f_3(\gamma_1, \gamma_2)}{\partial \gamma_1} \bigg|_{ZP} \delta\gamma_1 \bigg|_{ZP} + \frac{\partial f_3(\gamma_1, \gamma_2)}{\partial \gamma_2} \bigg|_{ZP} \delta\gamma_2 \bigg|_{ZP} \right),$$

wobei abkürzend

$$f_3(\gamma_1, \gamma_2) = \frac{b - r_0 \operatorname{tg} \gamma_{\underset{(1)}{2}}^*}{\cos \gamma_{\underset{(2)}{1}} [2b - r_0(\operatorname{tg} \gamma_1 + \operatorname{tg} \gamma_2)]}$$

eingeführt wurde; ausgewertet ergibt sich

$$N_l^2 = -\frac{1}{2} \left[m \ddot{w}_G + m \frac{\gamma_0}{2} \ddot{g} + 2c_z \left(w_G + \frac{\gamma_0}{2} g \right) \right] + \frac{G}{2} \left(1 - \frac{\gamma_0}{\varrho^* - \varrho} \frac{g}{2} \pm \frac{r_0}{b(\varrho^* - \varrho)} \frac{b + \varrho^* \gamma_0}{b} V \right);$$

$$l = 1, 2. \tag{4.22}$$

Für den dritten Term (4.15c) der Normalkraftschwankungen erhält man mit

$$\ddot{\varphi} = \ddot{\varphi}_G + \Phi_g \ddot{g} + \Phi_V \ddot{V} = \ddot{\varphi}_G - \frac{\gamma_0}{b} \ddot{V}$$

und

$$\varphi = \varphi_G - \frac{\gamma_0}{b} V, \qquad \cos^{-1} \gamma_l | [2b - r_0(\operatorname{tg} \gamma_1 + \operatorname{tg} \gamma_2)] |_{ZP} \approx \frac{1}{2b},$$

linearisiert

$$N_l^3 = \mp \frac{1}{2b} \left[I \ddot{\varphi}_G - \frac{I\gamma_0}{b} \ddot{V} + \frac{I_y v_0}{r_0} \dot{\psi} + 2b_1^2 c_z \left(\varphi_G - \frac{\gamma_0}{b} V \right) \right]; \qquad l = 1, 2 . \tag{4.23}$$

Mit (4.21) bis (4.23) folgt für die gesamte linearisierte Normalkraft

$$N_l = \frac{G}{2} - \frac{1}{2} m \left(\ddot{w}_G + \frac{\gamma_0}{2} \ddot{g} \right) - c_z w_G - \gamma_0 \left[\frac{\frac{G}{2} \left(1 - 2 \frac{k_z'}{r_0} \right)}{\varrho^* - \varrho} + c_z \right] g/2 \pm$$

$$\pm \left\{ \left[\frac{G}{2} \frac{r_0}{b(\varrho^* - \varrho)} \left(1 - \frac{k_z'}{r_0} + \frac{\varrho^*}{b} \gamma_0 \right) + \left(\frac{b_1}{b} \right)^2 c_z \gamma_0 \right] (v - v_G) - \left[\frac{G}{2} \frac{r_0}{b(\varrho^* - \varrho)} \left(1 - \frac{k_z'}{r_0} + \frac{\varrho^*}{b} \gamma_0 \right) + \right. \right.$$

$$\left. + \frac{b_1^2}{r_0 b} c_z \right] r_0 \varphi_G + k_y \left[\frac{r_0}{bv_0} \left(\dot{v} - r_0 \dot{\varphi}_G - \frac{r_0}{b} \gamma_0 \dot{v}_G \right) - \frac{r_0}{b} \psi \right] + \left(\frac{k_z r_0}{v_0} - \frac{I_y v_0}{2r_0} \right) \frac{\dot{\psi}}{b} +$$

$$\left. + \frac{I}{2b} \left[\frac{\gamma_0}{b} (\ddot{v} - \ddot{v}_G) - \ddot{\varphi}_G \right] \right\}; \qquad l = 1, 2 , \tag{4.24}$$

so daß bei Vernachlässigung von Gliedern der Ordnung γ_0^2 über (4.13)

$$n_{\text{lin}} = -\frac{k_z'}{r_0} \gamma_0 \left\{ \frac{G r_0}{b(\varrho^* - \varrho)} \left(1 - \frac{k_z'}{r_0} + \frac{\varrho^*}{b} \gamma_0 \right) (v - v_G - r_0 \varphi_G) - 2c_z \frac{b_1^2}{b} \varphi_G + \right.$$

$$\left. + 2k_y \left[\frac{r_0}{bv_0} (\dot{v} - r_0 \dot{\varphi}_G) - \frac{r_0}{b} \psi \right] + \left[\frac{2k_z r_0}{v_0} - \frac{I_y v_0}{r_0} \right] \frac{\dot{\psi}}{b} - \frac{I}{b} \ddot{\varphi}_G \right\} \tag{4.25}$$

folgt. Die erste Gleichung von (4.10) modifiziert sich deshalb zu

$$
\begin{aligned}
m\ddot{v} &+ \frac{2k_y}{v_0}\left(1 - \frac{k_z' \gamma_0}{b}\right)\dot{v} + \frac{2k_z}{v_0}\left(1 - \frac{k_z'}{b}\gamma_0\right)\dot{\psi} - \frac{I_y v_0}{r_0 b}\gamma_0\left(1 - \frac{k_z'}{r_0}\right)\dot{\psi} + \\
&+ 2c_y v + \frac{G}{\varrho^* - \varrho}\left(1 - \frac{k_z'}{r_0} + \gamma_0 \frac{\varrho^*}{b}\right)\left(1 - \frac{k_z'\gamma_0}{b}\right)v - 2k_y\left(1 - \frac{k_z'\gamma_0}{b}\right)\psi \\
&= \frac{G}{\varrho^* - \varrho}\left(1 - \frac{k_z'}{r_0} + \gamma_0\frac{\varrho^*}{b}\right)\left(1 - \frac{k_z'\gamma_0}{b}\right)v_G + 2k_y \frac{r_0}{b}\frac{\gamma_0}{v_0}\dot{v}_G + \frac{I}{b}\gamma_0\left(1 - \frac{k_z'}{r_0}\right)\ddot{\varphi}_G + \\
&+ \left[\frac{G}{\varrho^* - \varrho}\left(1 - \frac{k_z'}{r_0} + \gamma_0\frac{\varrho^*}{b}\right)\left(1 - \frac{k_z'\gamma_0}{b}\right) + 2c_z\frac{b_1^2}{br_0}\gamma_0\left(1 - \frac{k_z'}{r_0}\right)\right] r_0\varphi_G + \frac{2k_y}{v_0}\left(1 - \frac{k_z'\gamma_0}{b}\right) r_0\dot{\varphi}_G\,.
\end{aligned}
$$

Nun ist aber wegen $k_z'/b < 1$ und der Kleinheit von γ_0

$$1 - \frac{k_z'\gamma_0}{b} \approx 1\,,$$

so daß sich (4.10) lediglich auf

$$
\begin{pmatrix} m & 0 \\ 0 & I \end{pmatrix}\begin{pmatrix} \ddot{v} \\ \ddot{\psi} \end{pmatrix} + \begin{pmatrix} \dfrac{2k_y}{v_0}, & \dfrac{2k_z}{v_0} - \dfrac{\varkappa I_y v_0}{r_0 b}\gamma_0 \\ \dfrac{I_y v_0}{r_0 b}\gamma_0, & \dfrac{2b^2 k_x}{v_0} \end{pmatrix}\begin{pmatrix} \dot{v} \\ \dot{\psi} \end{pmatrix} + \begin{pmatrix} 2c_y + \dfrac{G\left(\varkappa + \dfrac{\varrho^*}{b}\gamma_0\right)}{\varrho^* - \varrho}, & -2k_y \\ 2k_x\dfrac{b}{r_0}\lambda, & 2c_x b_1^2 \end{pmatrix}\begin{pmatrix} v \\ \psi \end{pmatrix} = \begin{pmatrix} x_1(t) \\ x_2(t) \end{pmatrix} \tag{4.26}
$$

mit

$$
\begin{aligned}
x_1(t) &= \frac{G}{\varrho^* - \varrho}\left(\varkappa + \frac{\varrho^*}{b}\gamma_0\right)v_G + 2k_y\frac{r_0}{b}\frac{\gamma_0}{v_0}\dot{v}_G + \\
&+ \left[\frac{G\left(\varkappa + \dfrac{\varrho^*}{b}\gamma_0\right)}{\varrho^* - \varrho} + 2c_z\frac{b_1^2}{br_0}\varkappa\gamma_0\right] r_0\varphi_G + \frac{2k_y}{v_0} r_0\dot{\varphi}_G + \frac{I}{b}\varkappa\gamma_0\ddot{\varphi}_G\,,
\end{aligned} \tag{4.27a}
$$

$$x_2(t) = \frac{I_y v_0}{r_0}\left(\dot{\varphi}_G + \gamma_0\frac{\dot{v}_G}{b}\right) + 2k_x\frac{b}{r_0}\lambda(v_G + r_0\varphi_G) \tag{4.27b}$$

reduziert, wobei die Abkürzung

$$\varkappa = 1 - \frac{k_z'}{r_0} \tag{4.28}$$

eingeführt wurde.

Bei Vernachlässigung der stochastischen Erregungen $x_i(t)$ reduzieren sich die Bewegungsgleichungen auf die von DE PATER in [1], S. 66 erhaltenen Gleichungen; lediglich im ersten Diagonalelement der Steifigkeitsmatrix tritt bei uns noch zusätzlich das Glied

$$\frac{G}{\varrho^* - \varrho}\frac{\varrho^*}{b}\gamma_0$$

auf. Es berücksichtigt, daß bei einem rein konischen Profil ($\varrho^* = \infty$) in Übereinstimmung mit der Realität auch noch eine geringe Gravitationssteifigkeit $G\gamma_0/b$ auftritt, während diese bei DE PATER dann völlig verschwindet.

Resümierend ergibt sich also, daß entsprechend (4.9) und (4.26) sich bei sehr kleinen Schwingungen die symmetrischen Bewegungen u, χ von den antimetrischen v, ψ entkoppeln, wobei die symmetrischen Bewegungen nur noch durch die Spurweitenfehlerfunktion $g(t)$ und die antimetrischen Bewegungen durch die seitliche Richtungsfehlerfunktion v_G und die Höhenlagefehlerfunktion φ_G stochastisch fremderregt werden. Die symmetrischen Bewegungen bleiben dabei immer stabil, weil man hier bezüglich des autonomen Systems die Energiebilanz

$$\frac{\mathrm{d}(T + U)}{\mathrm{d}t} = -2D$$

mit

$$T = \tfrac{1}{2} m\dot{u}^2 + \tfrac{1}{2} I_y\dot{\chi}^2\,, \qquad U = c_x u^2$$

und der positiv semidefiniten Dissipationsfunktion

$$D = \frac{k_x}{v_0}(\dot{u} + r_0\dot{\chi})^2$$

bestätigen kann.

Wesentlich gefährlicher sind die antimetrischen Bewegungen v, ψ, da hier bereits das autonome System zu selbsterregten Schwingungen fähig ist. Dies erkennt man besonders aus dem Bau der Steifigkeitsmatrix, die infolge der durch den elastischen Kontakt von Rad und Schiene hervorgerufenen Terme $-2k_y$ und $2k_x b\lambda/r_0$ einen mit der effektiven Konizität λ wachsenden antimetrischen Anteil aufweist, der vor allem für die Selbsterregung verantwortlich ist. Darin liegt zugleich das wesentliche Dilemma der Laufdynamik von Schienenfahrzeugen begründet. Denn einerseits braucht man eine gewisse Konizität, damit sich der Radsatz bei seitlichen Störungen selbst zentrieren kann; andererseits ist aber die Konizität gleichzeitig die Ursache für die Selbsterregung, die bei Überschreitung einer bestimmten Grenzgeschwindigkeit des Fahrzeuges zur Instabilität der Zentralposition führt. Näheres hierzu, insbesondere zur Bestimmung optimaler Konizitätswerte aufgrund mittels (4.26) berechneter stochastischer Reaktionen, zum Vergleich von konischen und Verschleißprofilen hinsichtlich der kritischen Grenzgeschwindigkeit sowie des stabilisierenden Einflusses der Steifigkeiten c_x, c_y und der Gravitationssteifigkeit hat der Verfasser in [8] untersucht. Wir erwähnen hier lediglich noch, daß durch die gyroskopischen Kräfte auch in der Dämpfungsmatrix ein antimetrischer Anteil entsteht, der im Prinzip destabilisierend wirkt, aber erst bei sehr hohen Geschwindigkeiten an Bedeutung gewinnt. Bei einem Vergleich von (4.10), (4.11) mit (4.26), (4.27) erkennt man, daß die Normalkraftschwankungen auf das System stabilisierend wirken, da der durch die Kreiselkräfte bedingte antimetrische Anteil in der Dämpfungsmatrix sowie die durch φ_G und $\ddot{\varphi}_G$ bedingten Komponenten der stochastischen Erregerfunktion $x_1(t)$ wesentlich reduziert werden ($\varkappa \approx 0.2$).

5. Theorie des reinen Rollens

Zum Schluß wollen wir noch die sehr einfachen Bewegungsgleichungen herleiten, die sich ergeben, wenn man Rad und Schiene auch im Kontaktpunkt als vollkommen starr und reines Rollen des Rades voraussetzt. Eine solche Betrachtungsweise kann noch eine unter Umständen recht gute Näherung sein, wenn man sich nur für Bewegungen bei Fahrgeschwindigkeiten interessiert, die noch wesentlich unterhalb der kritischen Grenzgeschwindigkeit liegen, so daß der durch das elastische Kontaktproblem von Rad und Schiene bedingte Selbsterregungseffekt noch keine Rolle spielt.

Rad und Schiene bilden nun ein nichtholonomes System und sind dadurch charakterisiert, daß der materielle Punkt des Rades, der gerade im Kontakt mit der Schiene steht, gleichzeitig momentaner Drehpol ist und somit keine Geschwindigkeit hat. Bei Berücksichtigung von (3.4.1) folgt somit

$$v_{tx_1} = -\frac{\Delta r_1}{r_0} v_0 + \dot{u} + r_0\dot{\chi} - b\dot{\psi} = 0\,, \qquad v_{tx_2} = -\frac{\Delta r_2}{r_0} v_0 + \dot{u} + r_0\dot{\chi} + b\dot{\psi} = 0 \tag{5.1}$$

und aus $v_{ty_l} = 0$

$$2b\dot{v} - v_0[2b - r_0(\operatorname{tg}\gamma_1 + \operatorname{tg}\gamma_2)]\,\psi = r_0[2b\dot{\varphi}_G + (\operatorname{tg}\gamma_1 + \operatorname{tg}\gamma_2)\,\dot{v}_G - \tfrac{1}{2}(\operatorname{tg}\gamma_2 - \operatorname{tg}\gamma_1)\,\dot{g}]\,. \tag{5.2}$$

Hieraus gewinnt man bereits die gesuchten Gleichungen für die antimetrischen Bewegungen v, ψ, denn die Differenz der beiden Gleichungen (5.1) führt auf

$$\dot{\psi} + \frac{v_0}{r_0 2b}\,\Delta r^-(g, v - v_G - r_0\varphi_G) = 0\,. \tag{5.3}$$

Zusammen mit (5.2) sind dies zwei nichtlineare durch φ_G, v_G und g stochastisch erregte Bewegungsgleichungen erster Ordnung. Man kann dieses System auch jeweils in eine Differentialgleichung zweiter Ordnung überführen:

Die Differentiation von (5.3) führt unter Berücksichtigung von

$$\frac{\mathrm{d}\Delta r^-}{\mathrm{d}t} = \frac{\partial \Delta r^-}{\partial g}\,\dot{g} + \frac{\partial \Delta r^-}{\partial V}\,(\dot{v} - \dot{v} - r_0\dot{\varphi}_G) = \Delta r_g^-\,\dot{g} + \Delta r_V^-\,(\dot{v} - \dot{v}_G - r_0\dot{\varphi}_G)$$

und (5.2) auf

$$\ddot{\psi} + \frac{v_0^2 \Delta r_V^-}{4b^2 r_0}\,[2b - r_0(\operatorname{tg}\gamma_1 + \operatorname{tg}\gamma_2)]\,\psi = \frac{v_0}{4b^2 r_0}\Big\{\Delta r_V^-\,[2b - r_0(\operatorname{tg}\gamma_1 + \operatorname{tg}\gamma_2)]\,\dot{v}_G + $$
$$+ \left[\Delta r_V^-\,\frac{1}{2}\,r_0(\operatorname{tg}\gamma_2 - \operatorname{tg}\gamma_1 - 2b\Delta r_g^-\right]\dot{g}\Big\}. \tag{5.4}$$

Linearisiert erhält man mit (4.2) und damit

$$(\Delta r_V^-)_{\mathrm{lin}} = 2\gamma_0\,\frac{\varrho^*}{\varrho^* - \varrho}\,, \qquad (\Delta r_g^-)_{\mathrm{lin}} = 0$$

bei Vernachlässigung sehr kleiner Glieder aufgrund der Kleinheit von γ_0 in der ZP

$$\ddot{\psi} + \frac{v_0^2}{b r_0}\,\gamma_0\,\frac{\varrho^*}{\varrho^* - \varrho}\,\psi = \frac{v^0}{b r_0}\,\gamma_0\,\frac{\varrho^*}{\varrho^* - \varrho}\,\dot{v}_G\,. \tag{5.5}$$

Linearisiert man (5.2), so ergibt sich

$$\dot{v} - v_0\psi = r_0\left(\dot{\varphi}_G + \frac{\gamma_0}{b}\,\dot{v}_G\right). \tag{5.6}$$

Nach Differentiation und Berücksichtigung von (5.3) in der linearisierten Form

$$\dot{\psi} + \frac{v_0}{r_0 b} \gamma_0 \frac{\varrho^*}{\varrho^* - \varrho} (v - v_G - r_0 \varphi_G) = 0$$

folgt für v die lineare Differentialgleichung

$$\ddot{v} + \frac{v_0^2}{r_0 b} \gamma_0 \frac{\varrho^*}{\varrho^* - \varrho} v = r_0 \left(\ddot{\varphi}_G + \frac{\gamma_0}{b} \ddot{v}_G \right) + \frac{v_0^2}{r_0 b} \gamma_0 \frac{\varrho^*}{\varrho^* - \varrho} (v_G + r_0 \varphi_G) , \tag{5.7}$$

die sich besonders einfach bei Formulierung bezüglich der relativen Verschiebung $V = v - v_G - r_0 \varphi_G$ des Rad satzes gegenüber dem Gleiskörper gestaltet:

$$\ddot{V} + \frac{v_0^2}{r_0 b} \gamma_0 \frac{\varrho^*}{\varrho^* - \varrho} V = -\ddot{v}_G \left(1 - \frac{r_0}{b} \gamma_0 \right) \approx -\ddot{v}_G . \tag{5.7a}$$

Aus den erhaltenen stochastisch erregten Schwingungsgleichungen liest man die Kreisfrequenz der Schwingungsbewegungen zu

$$\omega = v_0 \sqrt{\frac{\gamma_0}{r_0 b} \frac{\varrho^*}{\varrho^* - \varrho}} \tag{5.8}$$

ab. Für ein konisches Radprofil ist $\varrho^* = \infty$ und die Formel geht über in die bereits im Jahre 1883 von KLINGEL abgeleitete Frequenzformel des kinematischen Zwangslaufes des Radsatzes, des sogenannten „Sinuslaufes" (hunting).

Der Name Sinuslauf leitet sich aus der homogenen Lösung von (5.5) bzw. (5.7) ab. In Wirklichkeit stellt sich aufgrund der stochastischen Erregungen eine stochastische Schmalbandschwingung mit der Zentrumsfrequenz (5.8) und langsam veränderlicher Phase und Amplitude ein. Allerdings kann man die hergeleiteten Gleichungen (5.5), (5.7) infolge der Dämpfungsfreiheit nicht isoliert betrachten, denn ein dämpfungsfreies System reagiert auf stochastische Erregungen infolge des kontinuierlichen „Frequenzangebotes" der stochastischen Erregungen (im Form der Spektraldichte) stets mit unendlich großen Bewegungen. Man muß diese Gleichungen also durch die Gleichungen der übrigen Körper eines Schienenfahrzeuges ergänzen, wodurch sich Dämpfungsglieder im gekoppelten Gesamtsystem ergeben, oder den auch bei reinem Rollen stets vorhandenen geringen Rollwiderstand in Form einer Dämpfung direkt in den Gleichungen (5.5), (5.7) erfassen. Man sieht aber hieraus auch, daß die Radsätze besonders empfindlich auf stochastische Erregungen reagieren und diese deshalb eine bedeutende Rolle spielen.

6. Abschließende Bemerkungen

Wir haben im Rahmen einer Theorie erster Ordnung Bewegungsgleichungen für einen gefesselten Radsatz hergeleitet, die sowohl das elastische Kontaktproblem von Rad und Schiene als auch die stochastischen Gleislagefehler berücksichtigen. Besonders in der genauen Erfassung der stochastischen Erregungen durch präzise Formulierung des Abtastproblems dürfte der Wert dieser Arbeit liegen, da selbst im linearisierten Fall hier bisher fehlerhaft oder ungenau vorgegangen wurde. So z. B. auch in [10], S. 24—26, wo die Schlupfkomponenten falsch bestimmt werden, da nicht sauber zwischen der Bewegung des materiellen Punktes des Rades, der gerade im Kontaktpunkt liegt, und der Bewegung des Kontaktpunktes als geometrischen Ort unterschieden wird. Es zeigt sich auch, daß das von manchen Forschern praktizierte Vorgehen, wohl die seitliche Richtungsänderung v_G zu berücksichtigen, aber φ_G zu vernachlässigen, unbegründet ist. Denn abgesehen von einem bei Hohlprofilen durch die Gravitationssteifigkeit bedingten Term geht v_G immer nur in multiplikativer Verknüpfung mit dem kleinen Kontaktwinkel γ_0 ein, während bei φ_G der große Term $2k_y r_0 \dot{\varphi}_G / v_0$ auftritt. Dies ist deshalb so, weil bei dem Grenzfall eines zylindrischen Rades mit verschwindender Konizität eine seitliche Richtungsänderung des Gleiskörpers überhaupt keinen Einfluß auf die Bewegung des Radsatzes hat, weil das Rad einfach weiter rollt und nur die Kontaktpunkte seitlich auswandern. Eine Drehung φ_G des Gleiskörpers dagegen bewirkt immer noch eine seitliche Schwerpunktverschiebung des Radsatzes um $r_0 \varphi_G$.

Der Autor möchte sich bei Prof. DE PATER für das sorgsame Lesen des Manuskriptes und damit verbundene zahlreiche Hinweise sehr herzlich bedanken.

Literatur

1 DE PATER, A. D., The exact theory of the motion of a single wheelset moving on a purely straight track, Delft University of Technology, Netherlands, Report no. 648, Febr. 1979.
2 KALKER, J. J., On the rolling contact of two elastic bodies in the presence of dry friction, thesis Delft, 1967.
3 KALKER, J. J., Simplified theory of rolling contact, Delft Progress Report, Series C: Mechanical and aeronautical engineering and shipbuilding, Vol. 1, Number 1, December 1973.
4 HAUSSCHILD, W., The application of quasilinearization to the limit cycle behaviour of the nonlinear wheel-rail system, 6. IAVSD-IUTAM Symposium on Dynamics of Vehicles on roads and tracks, Berlin, September, 1979.
5 KIK, W.; GASCH, R.; KNOTHE, K., Beeinflussung der Grenzgeschwindigkeit von Radsätzen durch Federung und Dämpfung in Längs- und Querrichtung, VDI-Bericht, Nr. 221, 1974.

6 Joly, R., Untersuchungen der Querstabilität eines Eisenbahnfahrzeuges bei hohen Geschwindigkeiten, Schienen der Welt, März 1972.
7 Bewegungsgleichungen von Schienenfahrzeugen, ORE-Bericht, Frage C 116, Bericht Nr. 4, Utrecht, Oktober 1974.
8 Renger, A., Einige grundsätzliche Erkenntnisse über das Laufverhalten von Radsätzen bei Berücksichtigung von stochastischen Gleisunebenheiten, Forschungsbericht des ZIMM der AdW der DDR, Dezember 1980. Siehe auch Preprint P-MECH-02/81 des Institutes für Mechanik der AdW der DDR.
9 Schröder, G., Numerische Untersuchung der nichtlinearen geometrischen Schiene-Rad-Beziehungen, Forschungsbericht des ZIMM der AdW der DDR, Dezember 1980.
10 Strothmann, W., Horizontale Störfunktion eines Gleises — Messung und Anwendung —, Dissertation der Technischen Universität Carola-Wilhelmina zu Braunschweig, 1977.
11 Broersen, P. M. T., Evaluation of railway systems dynamics by model adjustment, Thesis, Delft, 1976.
12 Hedrick, J. K., Applications of statistical linearization to nonlinear rail vehicle dynamics, Proceedings of the VIII. ICNO, Prague 1978.

Eingereicht am 26. 1. 1981, in revidierter Fassung am 22. 5. 1981

Anschrift: Dr. Arndt Renger, Institut für Mechanik der AdW der DDR, DDR-1199 Berlin, Rudower Chaussee 5, DDR

ZAMM 62, 171–181 (1982)

L. Auersch

Diskrete Laplace-Transformation. Ein zweckmäßiges Rechenverfahren für schwachgedämpfte Schwingungssysteme bei nichtperiodischer Erregung

Die Laplace-Transformation ist auch für die numerische Analyse von dynamischen Systemen gut geeignet. Ein entsprechendes Verfahren zur Berechnung von Systemantworten wird vorgestellt. Es werden dann eingehend die dabei möglichen Fehlerquellen untersucht, physikalisch anschauliche Fehleraussagen getroffen und daraus Vorschläge für die Ausführung des Verfahrens entwickelt. An einem mechanischen Beispiel wird die Nützlichkeit des Verfahrens und die Brauchbarkeit der Fehleraussagen demonstriert.

The Laplace-transformation is an appropriate tool not only for theoretical but also for numerical analysis of dynamical systems. A method to determine the reaction of a system using the numerical Laplace-transformation is proposed. The possible sources of error are investigated, leading to statements that connect the numerical error with the physics of the special system. Error bounds give the information necessary for practical use. By example of a mechanical system it is demonstrated that the method yields good results even with little effort, and the error bounds are shown to be practicable.

Преобразование Лапласа хорошо пригодно также для численного анализа динамических систем. Соответствующий способ представляется для расчёта реакции систем. При этом глубоко исследованы возможные источники погрешностей, наглядно показаны выявленные ошибки и из этого сделаны конкретные предложения для практического использования этого способа. На одном конкретном (механическом) примере продемонстрируется полезность этого метода и его пригодность для выявления ошибок.

1. Einleitung

In letzter Zeit werden häufiger Probleme in Angriff genommen, die die Berechnung von nichtperiodischen Vorgängen in komplexen Systemen beinhalten, wie etwa Bauwerksschwingungen bei Erdbeben, Explosionswirkungen, u. a. Dies wurde möglich durch die rasche Entwicklung immer leistungsfähigerer elektronischer Rechenanlagen. Während numerische Methoden für Lösungswege im Zeitbereich schon sehr lange bekannt waren, sind Methoden, die im Spektralbereich arbeiten, noch relativ neu. Das liegt daran, daß erst mit der Entwicklung des Fast-Fourier-Algorithmus' 1965 die Transformation in den Spektralbereich und wieder zurück in den Zeitbereich mit vertretbarem Aufwand möglich wurde.

Andererseits ist die Laplace-Transformation eine weitverbreitete Methode, um auf analytischem Wege das Systemverhalten zu untersuchen. Die numerische Ausführung der Laplace-Transformation wird jedoch noch recht selten verwandt. Dies liegt an den z. T. unangenehmen Fehlereigenschaften der numerischen Laplace-Transformation. In diesem Aufsatz wird jedoch gezeigt, daß bei geeigneter Wahl der Verfahrensparameter schon mit geringem Aufwand recht gute Ergebnisse zu erreichen sind.

Das Verfahren wird zunächst kurz beschrieben. Es werden dann eingehend die möglichen Fehlerquellen untersucht, physikalisch anschauliche Fehleraussagen getroffen und daraus Vorschläge für die Ausführung des Verfahrens entwickelt. An einem Beispiel — einem elastischen Stab unter Stoßbelastung — wird die Nützlichkeit des Verfahrens und die Brauchbarkeit der Fehleraussagen demonstriert.

2. Numerisches Verfahren zur Berechnung von Systemantworten

Es soll das Verhalten eines beliebigen (mechanischen, elektrischen) linearen zeitinvarianten Systems bei Auftreten einer zeitlich begrenzten Erregung untersucht werden. Beispielsweise könnte das System in der Form

$$\dot{\boldsymbol{x}} = A\boldsymbol{x} + B\boldsymbol{u} \quad \text{(Normalform)} \tag{1}$$

oder durch

$$M\ddot{\boldsymbol{x}} + C\dot{\boldsymbol{x}} + K\boldsymbol{x} = \boldsymbol{u} \tag{2}$$

bei mechanischen Systemen gegeben sein, wobei $\boldsymbol{x}$ der Zustand bzw. die Freiheitsgrade des Systems und $\boldsymbol{u}$ die Eingangsgrößen, z. B. Kräfte, sind. Die Formulierung des Problems wird vervollständigt durch die Festlegung eines Anfangszustandes.

Das hier diskutierte Lösungsverfahren für diese Probleme arbeitet im Gegensatz zu einigen anderen Methoden im komplexen ,,Frequenz“-Bereich. Es geht aus von der Darstellung der Lösung als

$$\boldsymbol{x}(t) = \mathcal{L}^{-1}\{G(s)\,\boldsymbol{U}(s) + \Phi(s)\,\boldsymbol{x}(0)\} \tag{3}$$

mit den Übertragungsfunktionen $G(s) = (Es - A)^{-1} B$ und $\Phi(s) = (Es - A)^{-1}$, (siehe z. B. [1]). $\boldsymbol{U}(s)$ ist dabei die Laplacetransformierte Eingangsfunktion $\boldsymbol{u}(t)$. Die Anfangsbedingung soll im weiteren nicht mehr diskutiert werden. Aus (3) ist aber unschwer zu erkennen, daß die Überlegungen für nichtverschwindende Anfangswerte in analoger Weise vollzogen werden können.

Bei der konkreten Rechnung müssen die Laplacetransformationen

$$U(s) = \int_0^\infty u(t)\, e^{-st}\, dt \tag{4}$$

und

$$x(t) = \frac{1}{2\pi j} \int_{s=c-j\infty}^{s=c+j\infty} G(s)\, U(s)\, e^{st}\, ds \tag{5}$$

gebildet werden, d. h. daß diese uneigentlichen Integrale numerisch ausgewertet werden müssen.*) Aus der Fülle der numerischen Integrationsmethoden soll hier ein spezielles ausgewählt werden, das einerseits zu einer sehr anschaulichen Fehleraussage führt, andererseits aber auch besonders effektiv programmiert werden kann. Bei diesem Verfahren werden die Integrale zunächst auf FOURIERintegrale zurückgeführt,

$$U(c + j\omega) = \int_0^\infty u(t)\, e^{-ct}\, e^{-j\omega t}\, dt = \int_0^\infty u^*(t)\, e^{-j\omega t}\, dt\,, \tag{6}$$

$$x(t) = \frac{1}{2\pi} e^{ct} \int_{-\infty}^{+\infty} G(\omega, c)\, U(\omega, c)\, e^{j\omega t}\, d\omega\,, \tag{7}$$

die nach dem Verfahren der diskreten FOURIER-Transformation (DFT) berechnet werden:

$$\tilde{U}(\omega_k, c) = \sum_{i=0}^{n-1} u^*(t_i)\, e^{-j\omega_k t_i}\, \Delta t\,, \tag{8}$$

$$\tilde{x}^*(t_i) = \frac{1}{2\pi} \sum_{k=0}^{n-1} G(\omega_k, c)\, \tilde{U}(\omega_k, c)\, e^{j\omega_k t_i}\, \Delta\omega \tag{9}$$

(siehe z. B. [2]). Hierfür steht der besonders effektive Fast-FOURIER-Algorithmus (FFT) zur Verfügung [3]. Über seine großen Vorzüge — Rechenzeitersparnis und numerische Stabilität — ist anderenorts schon häufig berichtet worden. Abb. 1 zeigt den Rechenweg noch einmal schematisch auf, eine ausführliche Darstellung des Verfahrens findet sich in [7].

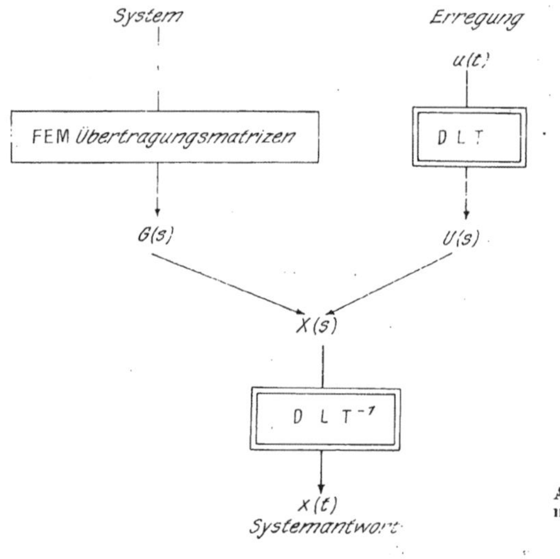

Abb. 1. Schematische Darstellung des Rechenverfahrens zur Systemanalyse mittels Diskreter Laplace-Transformation (DLT)

3. Praktische Anwendung des Verfahrens und Beherrschbarkeit der auftretenden Rechenfehler

Bei einem praktischen Problem muß zunächst die Übertragungsfunktion $G(s) = G(c + j\omega)$ an beliebigen Punkten $c + j\omega$ berechnet werden können. Dies kann im einzelnen sehr unterschiedliche Vorgehensweisen beinhalten, z. B. numerische Auswertung analytischer Lösungen, Finite-Element-Rechnungen, Gitterrostmethode, Methode der Übertragungsmatrizen u. a. Dies soll hier aber nicht weiter diskutiert werden.

Bei Vorliegen dieser Übertragungsfunktion kann man nun mit dem in Abschnitt 2 dargestellten Verfahren die Reaktion des Systems auf eine Vielzahl verschiedener Eingangsfunktionen bzw. Erregungen untersuchen. Dazu muß man die Dauer T des Beobachtungszeitraumes $[0, T)$, den Abstand Δt der diskreten Zeitpunkte t_i, die Größe der Erregung zu diesen Zeitpunkten $u(t_i)$ und schließlich einen Wert für c, den Realteil des Spektralparameters s, festlegen. Mit T und Δt liegt zugleich auch schon die Anzahl der Zeitpunkte

$$n_t = T/\Delta t$$

und auch die Anzahl, das Maximum und der Abstand der Frequenzen fest:

$$n_f = n_t/2 + 1\,, \quad f_{\max} = 1/2\,\Delta t\,, \quad \Delta f = 1/T\,. \tag{10}$$

*) Anmerkung: Es gibt auch Verfahren, die die Integralgleichung

$$G(s)\, U(s) = \int_0^\infty x(t)\, e^{-st}\, dt$$

numerisch lösen, und zwar, indem Koeffizienten von Ansatzfunktionen für $x(t)$ geeignet angepaßt werden, siehe u. a. [5].

Die genannten Parameter sind nun so zu wählen, daß einerseits der Rechenaufwand möglichst klein wird, andererseits aber auch eine gewisse Genauigkeit eingehalten wird, d. h., eine bestimmte Fehlergrenze nicht überschritten wird. Deshalb erweist es sich als dringend notwendig, eine Vorstellung von den Fehlern, die auftreten können, zu bekommen.

Die exakte Lösung des Problems ist die Antwort $x(t)$ des Systems mit der Übertragungsfunktion $G(s)$ auf die Erregung $u(t)$:

$$x(t) = \mathcal{F}(G(s), u(t)) .$$

Tatsächlich benutzt man im allgemeinen ein näherungsweise ermitteltes $\tilde{G}(s)$, und man wendet bei der Berechnung der Antwort ein diskretes Verfahren $\tilde{\mathcal{F}}$ an:

$$\tilde{x}(t) = \tilde{\mathcal{F}}(\tilde{G}(s), u(t)) .$$

Der Fehler ist

$$\Delta x = \tilde{\mathcal{F}}(\tilde{G}(s), u(t)) - \mathcal{F}(G(s), u(t)) =$$
$$= \tilde{\mathcal{F}}(\tilde{G}(s), u(t)) - \mathcal{F}(\tilde{G}(s), u(t)) + \mathcal{F}(\tilde{G}(s) - G(s), u(t)) = \Delta x_1 + \Delta x_2 .$$

Δx_1 ist der eigentliche Verfahrensfehler, der sich aufgrund des diskreten Näherungsverfahrens $\tilde{\mathcal{F}}$ ergibt. Δx_2 ist ein Fehler, der sich von einer Eingangsgröße des Verfahrens (hier die Übertragungsfunktion) auf das Ergebnis überträgt. Dies ist eine Frage der Kondition des Problems, die vom Verfahren der Diskreten-LAPLACE-Transformation unabhängig ist. Zusätzlich akkumulieren sich bei der maschinellen Abarbeitung des Algorithmus Rundungsfehler und ergeben einen weiteren Fehler Δx_3 im Endergebnis. Seine Größe hängt von der numerischen Stabilität des Algorithmus ab.

In diesem Aufsatz sollen insbesondere die Verfahrensfehler eingegrenzt werden. Es werden einfache Fehlerschranken angegeben, die zugleich auch physikalisch anschaulich sind. Weiterhin ergeben sich daraus Vorschläge für eine günstige Auswahl der Verfahrensparameter.

Aus dem Vergleich der Formeln (6), (7) mit (8), (9) erkennt man zunächst die Fehlerquellen: Die unendlichen Integrale werden bei einem endlichen Zeitpunkt bzw. Frequenzwert abgeschnitten, die verbleibenden Integrale werden mit einer Näherungsformel ausgewertet, wobei nur noch Funktionswerte an diskreten Stützstellen eingehen. Jeweils zwei dieser Fehler sind ursächlich miteinander gekoppelt. Es werden nur Frequenzen bis zu einer bestimmten maximalen Frequenz (Bandbreite) f_{max} berücksichtigt. Dem entspricht ein endlich großer Zeitschritt bei der zeitlichen Integration. Ebenso hat man einen endlich großen Frequenzschritt, der mit der Begrenzung des Zeitintervalls auf eine Periode korrespondiert. Entsprechend Gl. (10) hat man also einen Bandbreiten -bzw. Zeitschrittfehler und einen Frequenzschritt- bzw. Periodizitätsfehler.

Eine Möglichkeit, Informationen über den Verfahrensfehler zu bekommen, wäre es, die Fehler der einzelnen Diskretisierungen abzuschätzen und deren Fortpflanzung im Verlauf der weiteren Berechnung zu verfolgen (Vorwärtsanalyse). Hier wird der umgekehrte Weg beschritten, d. h. der Fehler im Ergebnis wird im Sinne einer Rückwärtsanalyse auf virtuelle Fehler in den Eingabegrößen zurückgeführt.

Dies geschieht folgendermaßen: Die Näherungslösung ist

$$\tilde{x}(t) = \mathrm{DLT}^{-1}\{\tilde{G}(\omega_k, c)\, \mathrm{DLT}\,\{u(t)\}\} = \frac{1}{T} \sum_{k=0}^{n-1} \tilde{G}(\omega_k, c)\, \tilde{U}(\omega_k, c)\, e^{(j\omega_k+c)\,t} .$$

Da

$$\tilde{G}(\omega_k, c)\, \tilde{U}(\omega_k, c)\, e^{(j\omega_k+c)\,t} = \mathcal{F}\big(\tilde{G}(s)\, \tilde{U}(\omega_k, c)\, e^{(j\omega_k+c)\,t}\big) ,$$

gilt aufgrund der Linearität von $\mathcal{F}$

$$\sum_{k=0}^{n-1} \tilde{G}(\omega_k, c)\, \tilde{U}(\omega_k, c)\, e^{(j\omega_k+c)\,t} = \mathcal{F}\Big(\tilde{G}(s), \sum_{k=0}^{n-1} \tilde{U}(\omega_k, c)\, e^{(j\omega_k+c)\,t}\Big) .$$

Dies bedeutet, daß

$$\tilde{x}(t) = \mathcal{F}(\tilde{G}(s), \tilde{u}(t)) , \tag{11}$$

wobei

$$\tilde{u}(t) = \sum_{k=0}^{n-1} \tilde{U}(\omega_k, c)\, e^{(j\omega_k+c)\,t} . \tag{12}$$

Die mit der Diskreten LAPLACE-Transformation berechnete Lösung

$$\tilde{x}(t) = \tilde{\mathcal{F}}(\tilde{G}(s), u(t))$$

läßt sich also als exakte Systemantwort von $\tilde{G}(s)$ auf eine fehlerhafte Eingangsfunktion $\tilde{u}(t)$ darstellen. Die Funktion $\tilde{u}(t)$ ist durch Gleichung (12) gegeben, aus der man zwei wesentliche Eigenschaften von $\tilde{u}(t)$ unmittelbar ableiten kann. Damit ist der Eingangsfehler schon weitgehend bekannt. Er ließe sich aber auch mit vergleichsweise geringem Aufwand bis auf numerische Fehler exakt berechnen. Kann man außerdem auch das Systemverhalten ungefähr abschätzen — das wird bei den meisten Anwendungen der Fall sein —, dann ergibt sich eine besonders einfache Möglichkeit, den Verfahrensfehler zu untersuchen. Der Verfahrensfehler läßt sich nämlich als Systemantwort auf einen Eingangsfehler abschätzen:

$$\Delta x_1(t) = \tilde{\mathcal{F}}(\tilde{G}(s), u(t)) - \mathcal{F}(\tilde{G}(s), u(t)) =$$
$$= \mathcal{F}(\tilde{G}(s), \tilde{u}(t)) - \mathcal{F}(\tilde{G}(s), u(t)) = \mathcal{F}(\tilde{G}(s), \tilde{u}(t) - u(t)) = \mathcal{F}(\tilde{G}(s), \Delta u(t)) .$$

Je besser man das Verhalten des Systems (genauer: des mathematisch-numerischen Modells) kennt, desto genauer läßt sich der zu erwartende Verfahrensfehler voraussagen. Die Einbeziehung des speziellen Systemverhaltens in die Fehlerabschätzung dürfte gerade für Ingenieurprobleme eine angemessene und besonders zweckmäßige Methode sein.

Es sollen nun einige Hilfsmittel für diese Fehlerabschätzung abgeleitet werden. Wir betrachten zunächst die Ersatzeingangsfunktion $\tilde{u}(t)$ etwas näher:

$$\tilde{u}(t) = \mathrm{DLT}^{-1}\{\mathrm{DLT}\{u(t)\}\} .$$

Da die diskrete LAPLACE-Transformation auf die diskrete FOURIERtransformation zurückgeführt wurde, für letztere aber

$$\mathrm{DFT}^{-1}\{\mathrm{DFT}(f(t))\}|_{t=t_i} = f(t_i)$$

gilt, gilt auch für die DLT, daß an den benutzten Stützstellen gerade die exakten Funktionswerte vorliegen,

$$\begin{aligned}\tilde{u}(t_i) &= e^{ct_i}\,\mathrm{DFT}^{-1}\{\mathrm{DFT}\{u(t)\,e^{-ct}\}\}|_{t=t_i} \\ &= e^{ct_i}\,u(t_i)\,e^{-ct_i} = u(t_i) .\end{aligned} \tag{13}$$

Es handelt sich also auch hier wie bei der FOURIERtransformation um eine Interpolation der Funktion, sozusagen um eine „LAPLACE-Interpolation". Zwischen den Stützstellen weicht die Funktion $\tilde{u}(t)$ von der ursprünglichen Erregung $u(t)$ ab. Diese Abweichungen werden besonders groß bei Unstetigkeit in der Originalfunktion oder ihren Ableitungen, also bei Sprüngen oder Knicken im Erregerzeitverlauf. Diese Eigenschaft ist von der trigonometrischen

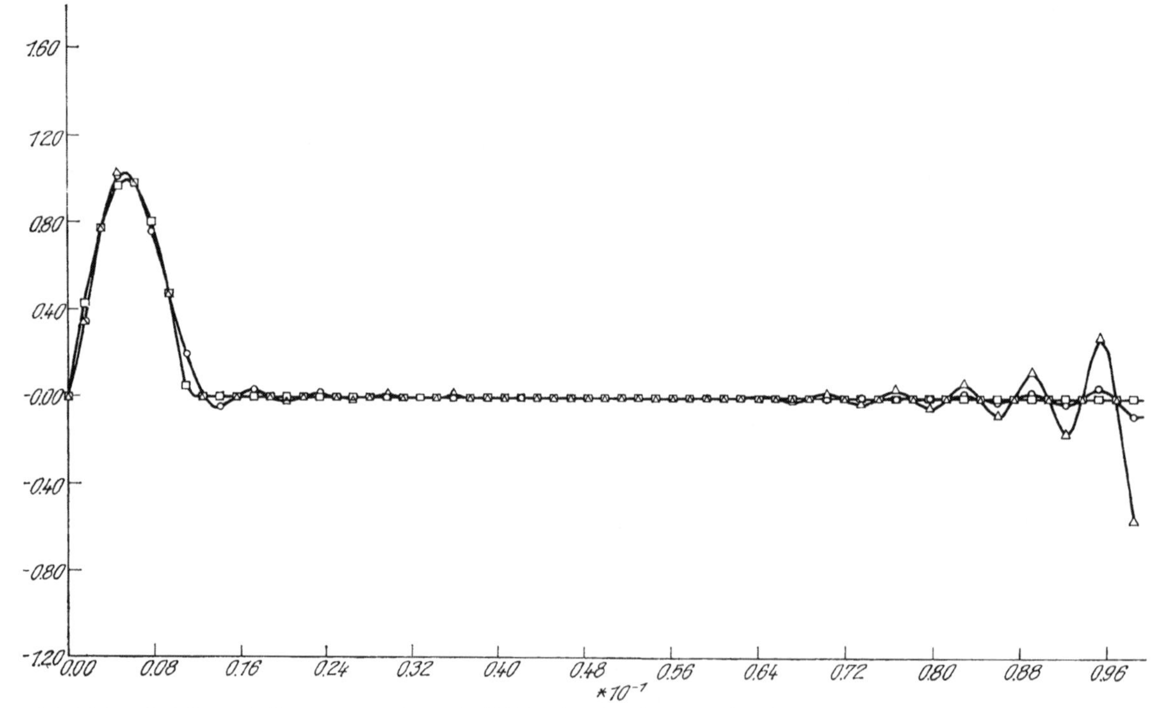

Abb. 2. Interpolierte Erregerfunktion: □ zugrunde gelegter Halbsinusimpuls ○ FOURIER-Interpolation ($c = 0$) △ LAPLACE-Interpolation ($c = 20$)

Interpolation her schon als GIBBSsches Phänomen bekannt. Bei der LAPLACE-Interpolation kommt hier jedoch der zusätzliche Effekt dazu, daß die Fehler nicht im ganzen Intervall gleichmäßig auftreten, sondern dem Faktor e^{ct} entsprechend gewichtet sind. Demnach wirken sich Unstetigkeiten am Intervallende besonders ungünstig aus. Da die Funktion periodisch (und zugleich ansteigend) fortgesetzt wird, bedeutet das, daß auch größere Sprünge am Intervallanfang zu erheblichen Fehlern am Intervallende führen. In Abb. 2 ist als Beispiel die FOURIER- und die LAPLACEinterpolation eines Impulses dargestellt.

Eine weitere Eigenschaft von $\tilde{u}(t)$ erkennt man, wenn man die Transformation einmal ausschreibt:

$$\tilde{u}(t) = \sum_{k=0}^{n-1} \tilde{U}(\omega_k, c)\, e^{(j\omega_k + c)\,t} = e^{ct} \sum_{k=0}^{n-1} \tilde{U}(\omega_k, c)\, e^{j\omega_k t} = e^{ct}\,\tilde{u}^*(t) .$$

$u^*(t)$ ist eine FOURIERsumme und damit eine periodische Funktion mit der Periode $T = 2\pi/\Delta\omega = 1/\Delta f$. Dann gilt für $\tilde{u}(t)$

$$\begin{aligned}\tilde{u}(t - kT) &= e^{c(t-kT)}\,\tilde{u}^*(t - kT) = \\ &= e^{-kcT}\,e^{ct}\,\tilde{u}^*(t) = e^{-kcT}\,\tilde{u}(t) = (e^{-cT})^k\,\tilde{u}(t) .\end{aligned} \tag{14}$$

Das bedeutet, daß die um k Perioden zurückliegende Erregung den gleichen Verlauf wie im Intervall $[0, T)$ hat, daß dieser jedoch k mal um den Faktor e^{-cT} verkleinert ist (Abb. 3).

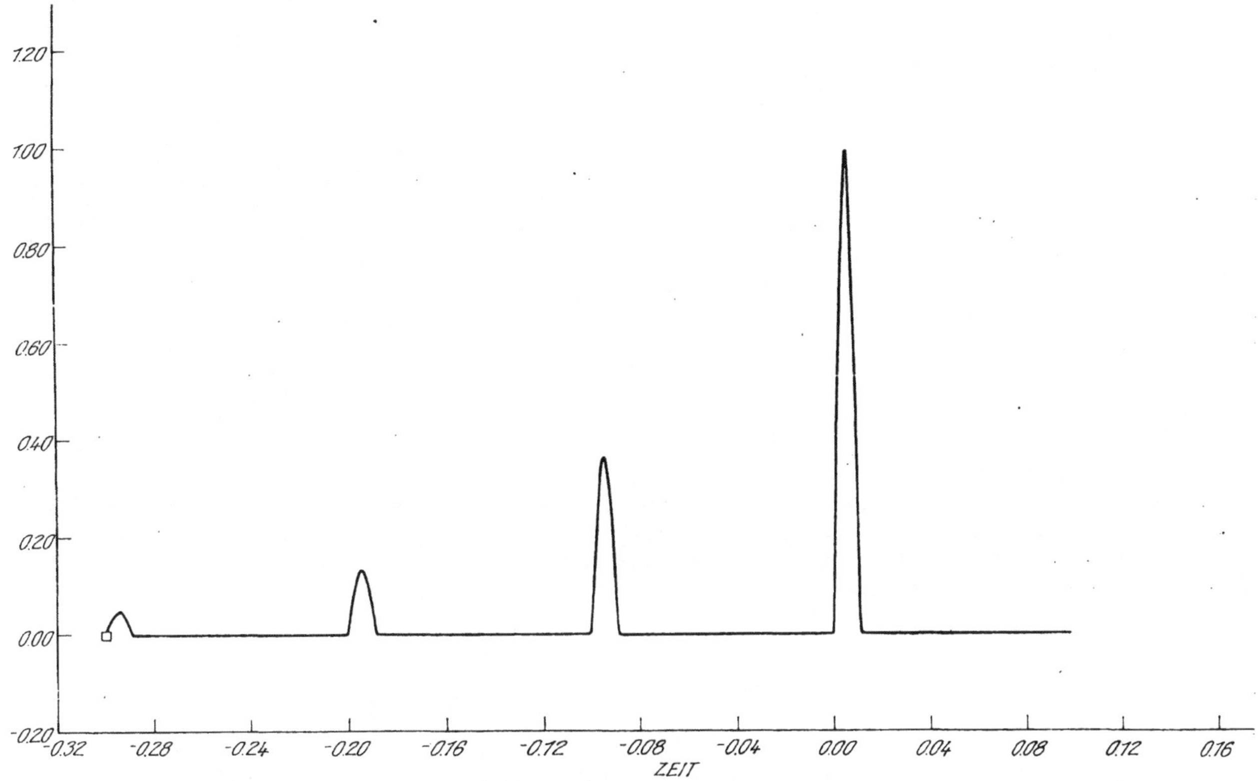

Abb. 3. Periodizitätsfehler am Beispiel eines Impulses: Man berechnet die Antwort auf eine ansteigende Impulsfolge

Der Eingangsfehler Δu in der Ersatzerregung $\tilde{u}(t)$ besteht damit aus

1) verkleinerten, in die Vergangenheit verschobenen Erregungen

$$\Delta u_p(t) = \sum_{k=1}^{\infty} (e^{-cT})^k \, u(t + kT)$$

und aus

2) Interpolationsfehlern Δu_z innerhalb des Intervalls $[0, T)$, die ebenfalls periodisch ansteigend in die Vergangenheit fortgesetzt sind.

Der erste Fehler entsteht durch die Beschränkung auf eine endliche Periode $[0, T)$ und wird deshalb Periodizitätsfehler genannt. Der zweite ergibt sich daraus, daß ein endlich großer Zeitschritt benutzt wird. Er soll deshalb Zeitschrittfehler heißen. Dieselbe Unterteilung und Bezeichnung wird auch bei dem Verfahrensfehler

$$\Delta x_1 = \mathcal{S}(\tilde{G}(s), \Delta u)$$

vorgenommen:

$$\text{Periodizitätsfehler} - \Delta x_p = \mathcal{S}\left(\tilde{G}(s), \Delta u_p\right),$$

$$\text{Zeitschrittfehler} - \Delta x_z = \mathcal{S}\left(\tilde{G}(s), \Delta u_z\right).$$

Im folgenden werden allgemeine Fehlerabschätzungen für die beiden Verfahrensfehler Δx_p und Δx_z abgeleitet. Mit diesen Fehlerschranken läßt sich auch der Einfluß der Verfahrensparameter auf die Güte des Ergebnisses diskutieren.

Der Periodizitätsfehler läßt sich folgendermaßen abschätzen: Es gilt

$$|\Delta x_p| \leqq x_{\max} \frac{1}{e^{cT} - 1}. \tag{15}$$

Dies folgt aus der Darstellung des Periodizitätsfehlers in $\tilde{u}(t)$:

$$\Delta u_p(t) = \sum_{k=1}^{\infty} (e^{-cT})^k \, u(t + kT).$$

Für $\Delta x_p(t)$ bedeutet das

$$\Delta x_p(t) = \mathcal{S}(\tilde{G}(s), \Delta u_p(t)) = \sum_{k=1}^{\infty} (e^{-cT})^k \, (\tilde{G}(s), u(t + kT)).$$

Jede Erregung $u(t-kT)$ ist zwar zeitlich beschränkt auf ein Intervall $(-kT, -kT + T)$, dies gilt aber nicht für die entsprechende Systemantwort. Im ungünstigsten Fall handelt es sich um ein völlig ungedämpftes System, so daß keine der vorrangegangenen Erregungen „vergessen" wird. Der maximal auftretende Fehler besteht dann aus der Summe der jeweiligen maximalen Systemantworten

$$|\Delta x_p| \leqq \sum_{k=1}^{\infty} x_{\max}(e^{-cT})^k .$$

Der Grenzwert dieser Reihe ergibt die obige Fehlerschranke.

Man erkennt aus Gleichung (15), daß mit wachsendem Realteil c der Periodizitätsfehler kleiner wird. Darin liegt der Sinn der Laplace-Methode! Durch einen genügend großen Realteil c wird der Periodizitätsfehler hinreichend eliminiert. Für $c = 7/T = 7\Delta f$ hat man z. B. nur noch einen Fehler von einem Promill des Maximums von $x(t)$. Wie man sieht, hängt der Fehler nicht allein von c, sondern von $cT = c/\Delta f$ ab, so daß man c immer proportional zu Δf wählen wird.

Für $c = 0$, das entspricht der Anwendung der Fouriertransformation, wird die Fehlerschranke (15) unendlich. Das liegt daran, daß bei der Abschätzung ein ungedämpftes System zugrunde gelegt wurde. Für ein ungedämpftes System ist aber gerade die Fouriertransformationsmethode nicht anwendbar, da sie entweder vollkommen zufällige Ergebnisse liefert oder, wenn mit der Periode T eine Resonanzfrequenz angeregt wird, „unendliche" Antworten berechnet.

Der Zeitschrittfehler soll an der Ungleichung

$$|\Delta x_z| \leqq A\, |\tilde{G}(\omega_{\max}, c)|\, e^{cT} , \tag{16}$$

diskutiert werden. Sie ergibt sich aus der Überlegung, daß der wesentliche Interpolationsfehler in $\tilde{u}$ aus Schwankungen mit der maximalen Frequenz besteht, die außerdem zum Intervallende hin stark ansteigen (vgl. Bild 2). Das setzt allerdings voraus, daß der Zeitschritt Δt bereits so gewählt wurde, daß der wesentliche Frequenzinhalt der Erregung noch abgebildet wird, also

$$\Delta t \leqq \frac{1}{2f_{\text{grenz}}}$$

gemäß dem Abtasttheorem von Shannon [4]. Der Zeitschrittfehler der Ersatzerregung soll näherungsweise als

$$\Delta u_z \approx A \sin(\omega_{\max} t)\, e^{ct} ,$$

dargestellt werden. Damit ergibt sich obige Fehlerschranke als maximale Systemantwort auf diese Erregung:

$$|\Delta x_z| \leqq \max |\mathscr{S}(\tilde{G}(s), \Delta u_z)| = A\, |\tilde{G}(\omega_{\max}, c)|\, e^{cT} .$$

Die Fehlerschranke zeigt zunächst die Grenzen der Laplace-Transformation auf. Der Zeitschrittfehler wächst mit größer werdendem Realteil c schnell an, so daß man c nicht beliebig groß wählen kann. Eine Reduktion des Zeitschrittfehlers erreicht man, indem man die maximale Frequenz heraufsetzt bzw. den Zeitschritt verkleinert. Dadurch verringert sich einerseits die Amplitude der Interpolationsschwankungen, andererseits wird auch die Übertragungsfunktion von nicht sprungfähigen Systemen für größere Frequenzen kleiner.

Damit ergeben sich folgende Konsequenzen für die Wahl der Verfahrensparameter:

- Δt bzw. $f_{\max}$ wählt man nach dem wesentlichen Frequenzinhalt der Erregung. In der Regel wird man es allerdings nicht mit streng bandbegrenzten Funktionen $u(t)$ zu tun haben. Man wird dann die Schrittweite zumindest so wählen, daß die zwischen den Stützstellen glatt interpolierte Funktion das betrachtete Problem noch hinreichend repräsentiert. Den kritischen Zeitschrittfehler kann man mit Hilfe von Gl. (16) im voraus abschätzen. Einen sicher überschätzenden Wert für die Amplitude A der Interpolationsschwankungen erhält man mit vergleichsweise geringem Aufwand, wenn man den maximalen Fehler Δu_0 bei der entsprechenden trigonometrischen Interpolation ($c = 0$) der Erregerfunktion u numerisch berechnet.
- Den Realteil des Spektralparameters c wählt man so groß, daß einerseits der Periodizitätsfehler, Gl. (15), genügend klein bleibt, daß aber andererseits auch der Zeitschrittfehler gemäß Gl. (16) nicht zu groß wird. Einen optimalen Wert für c kann man formal aus der Forderung, daß der Gesamtfehler (die Summe der Fehlerschranken) minimal sein soll, ableiten. Berücksichtigt man noch, daß e^{cT} meist groß gegenüber 1 ist und daß in der Regel $\omega_{\max}$ deutlich größer als c sein wird, so daß man in (16) $G(\omega_{\max}, c)$ annähernd durch $G(\omega_{\max}, c = 0)$ ersetzen kann, so ergibt sich

$$c_{\text{opt}} = \frac{1}{2T} \ln \frac{x_{\max}}{|\tilde{G}(\omega_{\max}, c = 0)|\, \Delta u_0} . \tag{17}$$

Bei dieser Wahl von c werden der Zeitschritt- und der Periodizitätsfehler etwa gleich groß. Für die Bestimmung des optimalen Realteils c benötigt man neben einem Schätzwert für die maximale Systemantwort die Übertragungsfunktion für eine Frequenz und eine Fouriertransformation zur Berechnung des Interpolationsfehlers Δu_0 bei $c = 0$. Dieser Aufwand wird in vielen Fällen im Vergleich zur Berechnung der vollständigen Übertragungsfunktion $\tilde{G}(\omega_k, c)$ für verschiedene c-Werte gering sein.

Die hier vorgeschlagene Wahl der Verfahrensparameter c und Δt nutzt die Vorteile des Fast-Fourier-Algorithmus voll aus. Es soll noch kurz eine weitere Möglichkeit angedeutet werden, bei der diese Vorteile zwar verlorengehen, dafür aber eine flexiblere Fehlerbeherrschung erreicht wird: Man wählt die Periode T_p bei der Laplace-Transformation größer als den interessierenden Zeitausschnitt T_I. Dann kann man die beiden Fehleranteile unabhängig voneinander beeinflussen

$$|\Delta x| = |\Delta x_z + \Delta x_p| \leqq |G(\omega_{\max}, c)|\, A\, e^{cT_I} + x_{\max} \frac{1}{e^{cT_p - 1}} .$$

Der Realteil c wird zunächst so gewählt, daß der Zeitschrittfehler im interessierenden Zeitintervall nicht zu groß wird — e^{cT_I} wird beschränkt. Dann wählt man die Periode T_p so, daß der Periodizitätsfehler unter eine gewisse Schranke gedrückt wird.

4. Anwendung des Verfahrens auf einen konkreten Fall

Am folgenden Beispiel soll das Verfahren und die Aussagen über das Fehlerverhalten näher illustriert werden.

Betrachtet wird die Ausbreitung von Longitudinalwellen in einem einseitig eingespannten elastischen Stab, bei impulsartiger Belastung am freien Ende (s. Abb. 4). Die Verschiebungen des freien Endes ($x = 0$) sind in Abb. 5 dargestellt. Eine Wellenfront mit der Amplitude

$$V = \frac{T_I}{\pi \sqrt{\varrho E}\, A} = 7{,}07 \cdot 10^{-10}\,\mathrm{m}$$

breitet sich mit der Geschwindigkeit $v = \sqrt{E/\varrho} = 100$ m/s aus, so daß sie im Abstand von $T_L = 2, 1/v = 0{,}09$ s immer wieder das freie Ende erreicht. Es wechseln sich positive und negative Verschiebungssprünge ab, entsprechend der Tatsache, daß am fixierten Ende jeweils ein umgekehrter Sprung reflektiert wird, der am freien Ende noch einmal verstärkt wird.

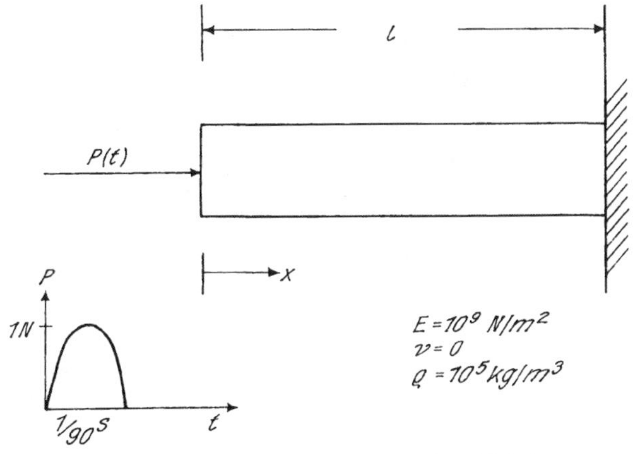

Abb. 4. Beispiel: einseitig eingespannter Stab unter Impulsbelastung

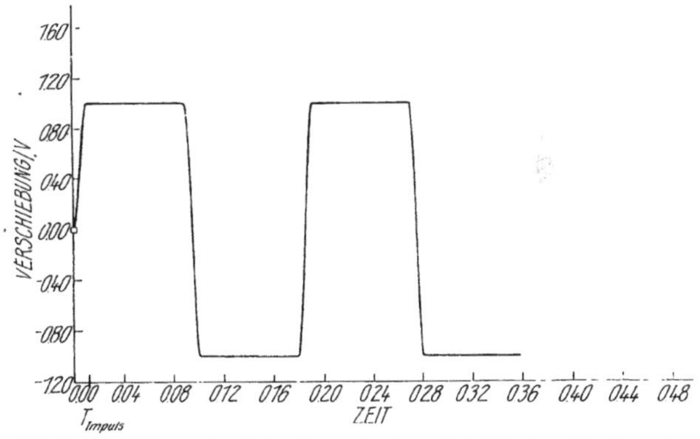

Abb. 5. Verschiebung des freien Stabendes ($x = 0$) infolge des Impulses, theoretisches Ergebnis

Mit dieser Lösung sollen nun die mit der Laplace-Transformation näherungsweise berechneten Ergebnisse verglichen werden. Zunächst wurde die Übertragungsfunktion $G(s)$ des Systems analytisch gewonnen:

$$G(s) = \frac{U(s)}{P(s)} = \frac{1}{EA}\,\frac{v}{s}\,\frac{\exp\left(s(l-x)/v\right) - \exp\left(-s(l-x)/v\right)}{\exp(sl/v) + \exp(-sl/v)}$$

Folgende Verfahrensparameter wurden gewählt:

— $T = 0{,}1$ s; damit wird gerade noch der erste Reflektionseinsatz beobachtet;

— $n_t = 32$, d. h. $\Delta t \approx T_I/3$, entsprechend dem wesentlichen Frequenzinhalt;

— c wird variiert zwischen 5 und 70.

In den Abb. 6 bis 8 sind die Ergebnisse bei Verwendung der Realteile $c = 5$, 30 und 70 aufgezeichnet. Bei $c = 5$ erkennt man sehr deutlich den Periodizitätsfehler. Die Näherungslösung ist die Antwort des Stabes auf eine Folge ständig stärker werdender Impulse. Die aufsteigenden und abfallenden Flanken sind Reflektionseinsätze von den vorhergegangenen Impulsen. Dies kann man nachprüfen, wenn man die Zeit, die eine Wellenfront benötigt, um wieder am freien Ende anzukommen, berücksichtigt (0,09 s). Der Fehler besteht in bereichsweise konstanten Verschiebungen des Kurvenverlaufs, deutlich sichtbar z. B. am negativen Anfangswert, während die Schwankungen aus dem Vorzeichenwechsel des Fehlers herrühren. Das Ansteigen der Schwankungen zum Intervallende hin hat nichts mit der exponentiellen Gewichtung des Intervalls, sondern mit den unterschiedlichen Amplituden der vorangegangenen Impulse zu tun.

Für $c = 70$ ist nun der Zeitschrittfehler dominierend. Man erkennt ihn deutlich an der Periode der Schwankungen, die mit der Zeitschrittweite übereinstimmt. In Abb. (9) ist der Einfluß des Realteils c auf den maximalen Fehler im Zeitverlauf dargestellt. Die im vorigen Abschnitt diskutierten Tendenzen werden deutlich. Zunächst werden die Fehler mit zunehmendem c verringert, über einen bestimmten Wert hinaus — hier bei $c > 30$ — führt die Erhöhung von c jedoch zu exponentiell anwachsenden Fehlern.

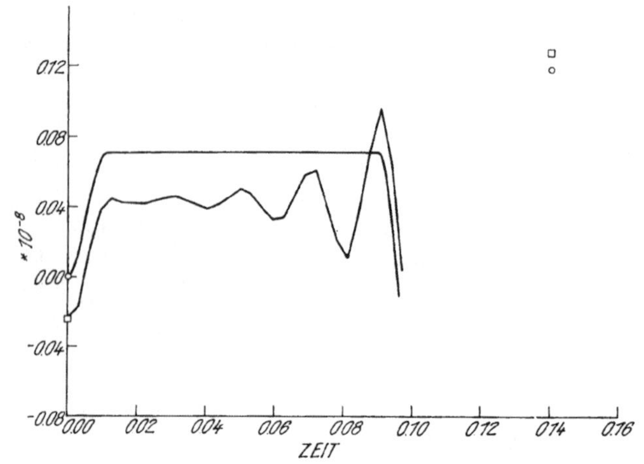

Abb. 6. Verschiebung des freien Stabendes, numerisches Ergebnis, $c = 5$. Zum Vergleich ist die exakte Lösung eingezeichnet

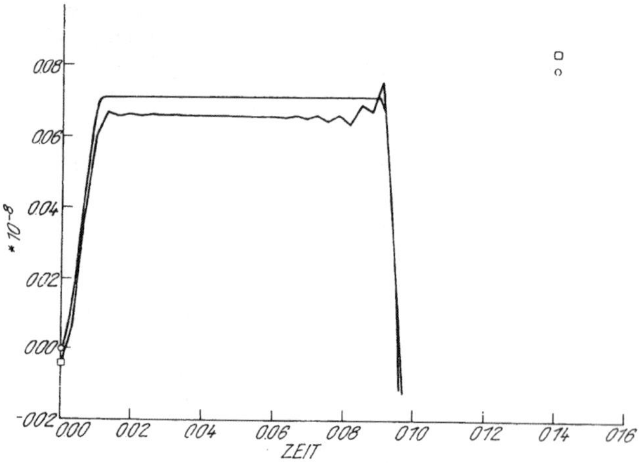

Abb. 7. Verschiebung des freien Stabendes, numerisches Ergebnis, $c = 30$

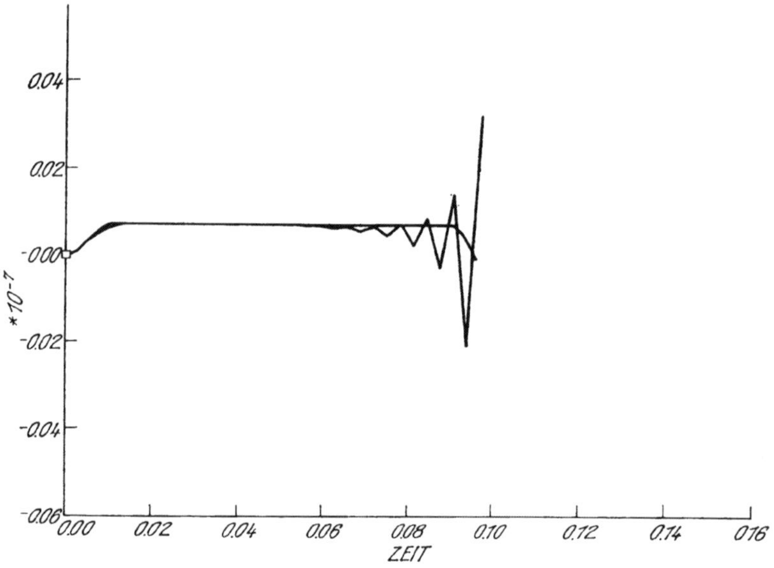

Abb. 8. Verschiebung des freien Stabendes, numerisches Ergebnis, $c = 70$

Die im letzten Abschnitt angegebenen Fehlerschranken werden durch dieses Beispiel noch einmal bestätigt. Der nach Gl. (17) berechnete optimale Wert für c

$$c_{\text{opt}} = \frac{1}{2T} \ln \frac{x_{\max}}{G(\omega_{\max})\, \Delta u_0} = 22{,}4$$

stimmt ziemlich gut. Der Zeitverlauf in (Abb. 7), mit $c = 30$ berechnet, soll das noch einmal illustrieren.

Dieses Beispiel ist mit einer sehr geringen Anzahl von Zeitpunkten bzw. Frequenzwerten durchgerechnet worden. Es ergaben sich dabei aber schon sehr sinnvolle Systemantworten, obwohl mit den benutzten Frequenzen der Frequenzgang des Systems nur sehr ungenau dargestellt wurde. In dem gewählten Frequenzgitter wird nur ein Teil der Pole des Systems sichtbar, es kommen überhaupt auf 15 Pole nur 17 Frequenzwerte.

Realteil des Spektralparameters	bezogenes Fehlermaximum
$c =$ 5	0,39
10	0,27
20	0,17
30	0,17
40	0,31
50	0,77
60	1,86
70	4,86

Abb. 9. Maximaler Fehler im Zeitverlauf der Verschiebungen, bezogen auf das exakte Verschiebungsmaximum

Die numerischen Fehler sind bei diesen Rechenbeispielen verschwindend gering. Bei Erhöhung der Anzahl der Zeitpunkte bzw. Frequenzen können sie allerdings eine Rolle spielen. Sie treten bei der LAPLACE-Transformation immer exponentiell (entsprechend dem Faktor e^{ct}) im Zeitintervall verteilt auf. Die gleiche Tendenz ergab sich auch bei der Untersuchung der Kondition des Problems. Schwankungen in den Eingangswerten, d. h. in den Übertragungsfunktionen störten immer die Systemantworten am Intervallende besonders stark. Bei dieser Konditionsanalyse ergab sich auch die für die Anwendung wichtige Aussage, daß mit zunehmendem Realteil c die Ergebnisse immer empfindlicher von den Eingangsdaten abhängen, so daß mit höherem c auch die Genauigkeitsanforderungen an die Berechnung der Übertragungsfunktion $G(s)$ steigen (s. auch [5], s. 17, s. 33).

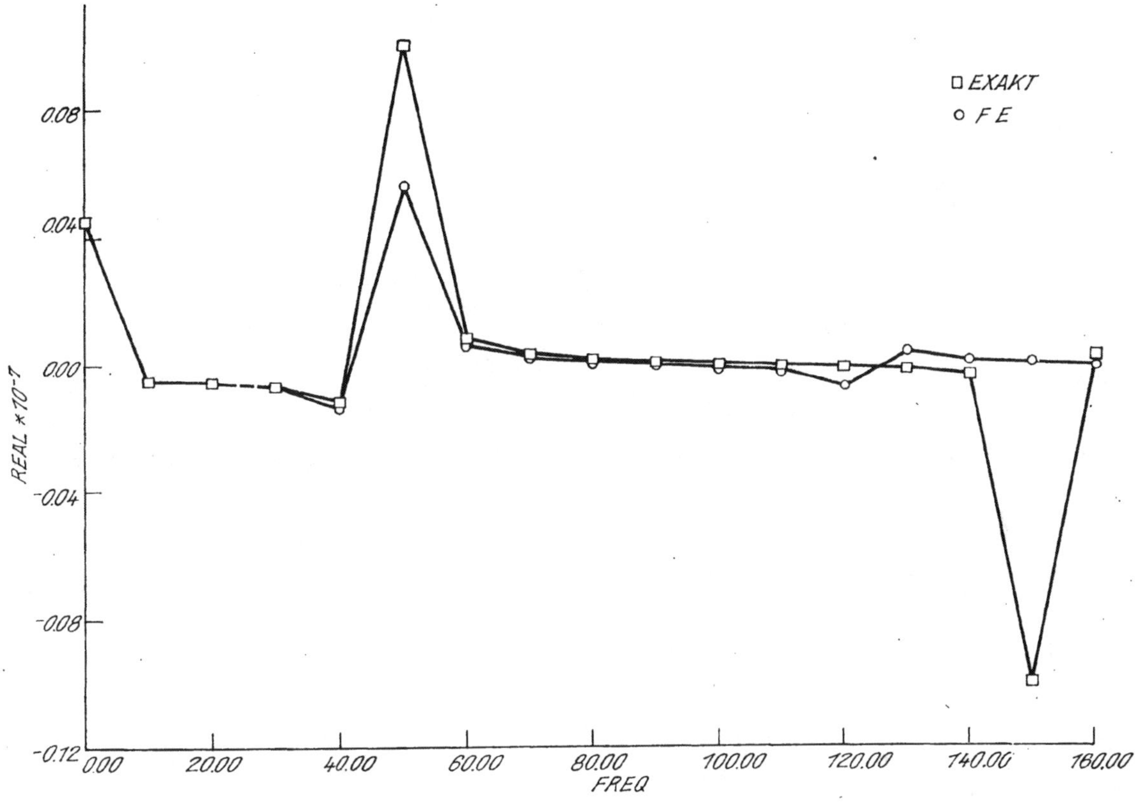

Abb. 10 a. Kombination des DLT-Verfahrens mit der Finite-Element-Methode: Real- und Imaginärteil der Übertragungsfunktion $G(c + j\omega)$ des Stabes ($x = 0$) für $c = 0$ (Frequenzgang), Vergleich der exakten Werte und der Finite-Element-Approximation

Bei der näherungsweisen Berechnung des Problems mit der Finiten-Element-Methode, bei der der Stab in 45 gleichgroße Elemente unterteilt wurde*), zeigte sich jedoch die Berechnung der Übertragungsfunktion für höhere Realteile c als unproblematisch (Abb. 10—11). Die Fehler in der FE-Approximation der Übertragungsfunktion nehmen mit größer werdendem c deutlich ab, so daß sich die beiden Fehler aus FE-Approximation und LAPLACE-Transformationsverfahren in der Tendenz ausgleichen. In [6] sind weitere Beispiele von FE-Rechnungen kombiniert mit der LAPLACE-Transformation beschrieben.

5. Zusammenfassung

Die Fehlerbetrachtungen haben gezeigt, daß mit dem vorgestellten Verfahren der Systemanalyse mittels der Diskreten LAPLACE-Transformation ein flexibel anwendbares Verfahren zur Verfügung steht. Durch die Wahl des Realteils des Spektralparameters kann die Methode an das jeweilige Problem optimal angepaßt werden. Bei stark gedämpften Systemen (Kriechproblemen z. B.) reicht $c = 0$, d. h. die Benutzung der FOURIER-Transformation, in den meisten Fällen aus. Mit einem größeren positiven Realteil können aber auch schwachgedämpfte und selbst ungedämpfte Systeme sinnvoll berechnet werden. Die ermittelten Fehlergesetze stellen eine gute Hilfe für die praktischen Anwendungen des Verfahrens dar.

*) Anmerkung: Die Elementierung ist so gewählt, daß die höchste bei der LAPLACE-Transformation benutzte Frequenz noch mit 7 Punkten pro Wellenlänge abgebildet wird.

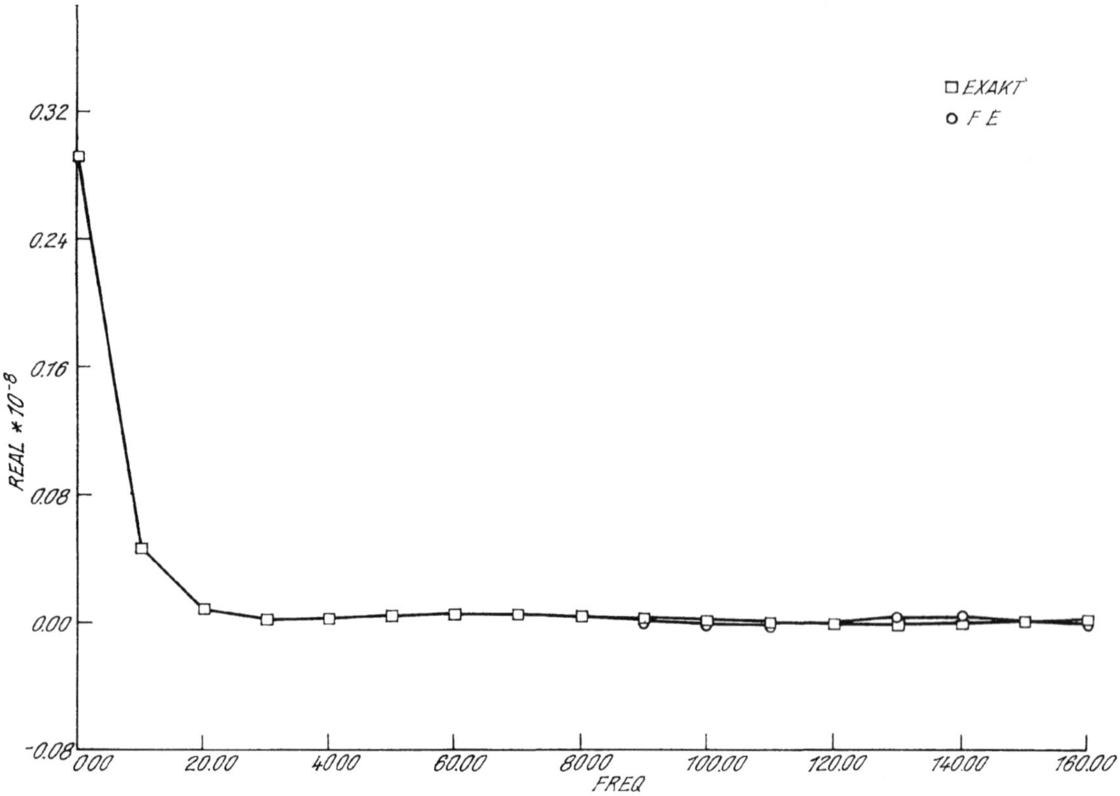

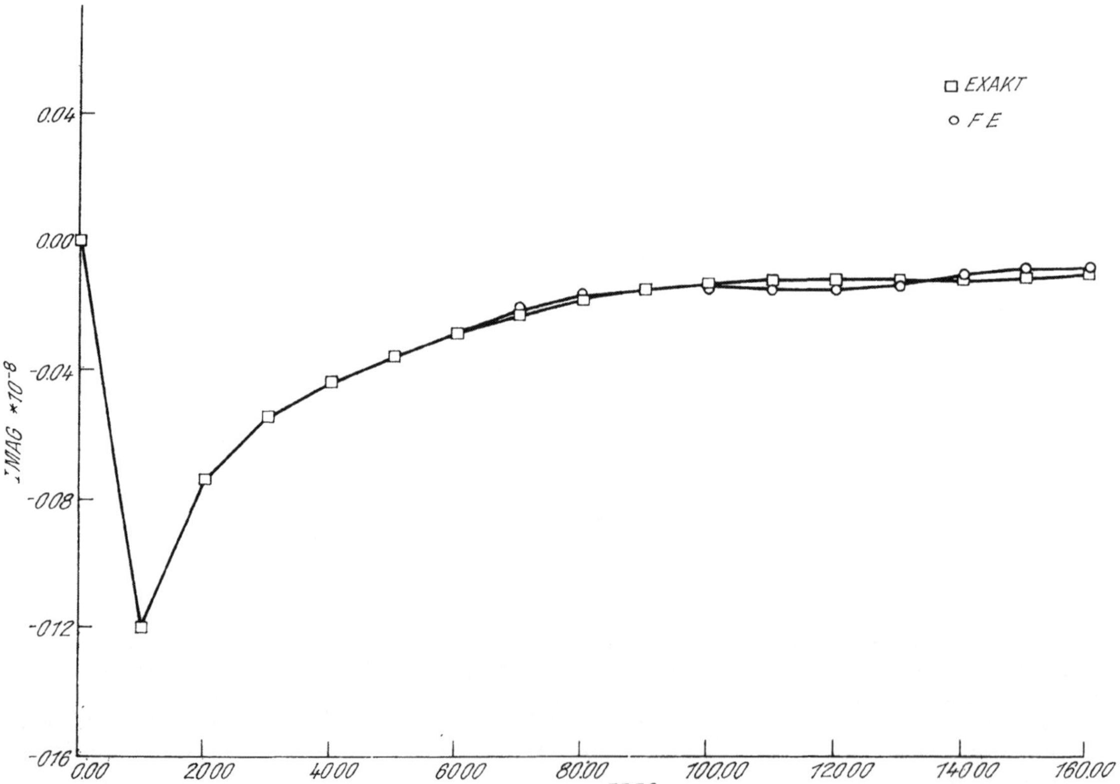

Abb. 10 b. Wie Abb. 10 a, aber $c = 30$,

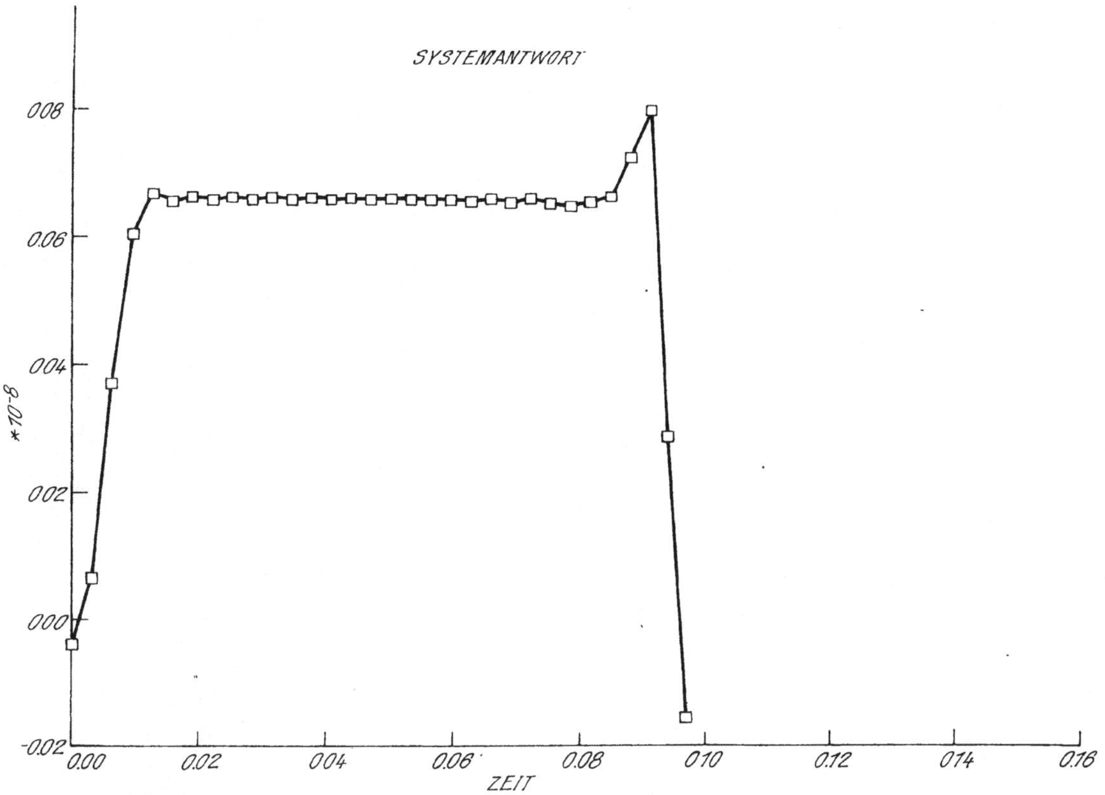

Abb. 11. Verschiebung des Stabendes infolge des Impulses, berechnet aus dem Finite-Element-„Frequenzgang" ($c = 30$)

Literatur

1 HARTMANN, I., Lineare Systeme, Springer-Verlag Berlin/Heidelberg/New York 1976.
2 STOER, J., Einführung in die Numerische Mathematik I, Springer-Verlag, Berlin/Heidelberg, New York 1976, (2. Aufl.).
3 COOLEY, J. B.; TUKEY, J. W., An algorithmus for the machine calculation of complex FOURIER series, Math. Comput. 19 (1965), S. 297–301.
4 SHANNON, C. E., A mathematical theory of communication, B.S.T.J. 27 (1948), S. 379 ff und S. 623 ff.
5 BELLMANN, R.; KALABA, R. E.; LOCKET, J. A., Numerical inversion of the LAPLACE Transform, Am Elsevier Publ. Comp., New York 1966.
6 HOLZLÖHNER, U., A finite element analysis for time-dependent problems, Int. J. f. Num. Meth. in Eng. 8 (1974), S. 55–69.
7 KRINGS, W.; WALLER, H., Numerisches Berechnen von Schwingungs- und Kriechvorgängen mit der LAPLACE-Transformation, Ing. Archiv 44 (1975), S. 335–346.

Eingereicht am 10. 9. 1980, in revidierter Fassung am 1. 7. 1981

Anschrift: Dipl.-Ing. LUTZ AUERSCH, Bundesanstalt für Materialprüfung, Unter den Eichen 87, D-1000 Berlin 45, Berlin-West

ZAMM 62, 183 – 190 (1982)

N. Phan-Thien / B. L. Karihaloo

Effective Moduli of Particulate Solids

The overall elastic constants of a particulate composite material are theoretically estimated. The material is assumed to consist of a high concentration of randomly arranged, nearly rigid spherical particles embedded in an isotropic, elastic matrix. Initially, the load transfer problem between two neighbouring particles separated by a thin layer of matrix material is solved. The overall (effective) elastic constants of the composite are expressed in terms of the elastic constants of the matrix and individual particles.

Die effektiv wirksamen Elastizitätskonstanten eines aus einzelnen Partikeln zusammengesetzten Materials werden theoretisch bestimmt. Es wird vorausgesetzt, daß die nahezu starren kugelförmigen Partikel in hoher Konzentration und in zufälliger Weise in einem isotropen elastischen Medium eingebettet sind. Zunächst wird das Kraftübertragungsproblem zwischen zwei benachbarten und durch eine dünne Schicht des elastischen Mediums getrennten Partikeln gelöst. Die effektiv wirksamen Elastizitätskonstanten des zusammengesetzten Materials werden in Abhängigkeit von den Elastizitätskonstanten des Mediums und der einzelnen Partikel bestimmt.

Теоретически определяются общие постоянные упругости материала, составленного из отдельных частиц. Предполагается, что почти жёсткие шарообразные частицы в большой концентрации и случайным образом погружены в изотропную упругую среду. Вначале решается задача переноса сил между двумя соседними частицами, разделёнными тонким слоем упругой среды. Общие (эффективные) постоянные упругости материала, составленного из отдельных частиц, погружённых в упругую среду, определяются в зависимости от упругих постоянных среды и отдельных частиц.

1. Introduction

Determination of the bulk (macroscopic) properties of particulate solids is a subject that needs little introduction here. If the volume concentration of the embedded particles is small enough, we have the theoretical results of Smallwood (1944), Dewey (1947), Walpole (1971); all of which are accurate up to terms of order $0(\varphi)$, where φ is the volume fraction of the particles. At non-dilute concentrations of particles when interaction effects have to be taken into account, theoretical progress has been extremely slow. It was only recently that terms of order $0(\varphi^2)$ were correctly calculated by Chen and Acrivos (1977) and O'Brien (1979).

An alternative approach, employed by Laws and McLaughlin (1979) in the analogous fibre-reinforced problem, uses the self-consistent method developed by Hill (1963). This method approximates the interaction effects between particles by solving the elasticity problem of one particle enclosed in a spherical shell of the matrix material. Further analysis using the self-consistent-method can be found in Willis (1977).

When the particle concentration is high, the load transfer occurs mainly at the region of near contact between two neighbouring particles. In this case, the self-consistent method is unlikely to give an accurate prediction. However, the recent method developed by Batchelor and O'Brien (1977) that makes explicit use of the load transfer characteristics is expected to be more accurate here.

In this paper an attempt is made to determine the overall (effective) elastic constants of a particulate material. The material consists of a high concentration of randomly arranged particles embedded in an isotropic, elastic matrix. In view of the high concentration, the particles are assumed to be nearly in contact with each other. Young's modulus and Poisson's ratio of the matrix and particles are designated by E, E^* and ν, ν^*, respectively. We shall confine our attention to the more important practical situation in which $E^*/E \gg 1$. The method adopted in the paper closely follows that used by Batchelor and O'Brien (1977) in their study of the bulk thermal conductivity of a granular material.

2. Mathematical Preliminaries

As is customary in the suspension mechanics of materials with random structure, we shall assume that the particulate solid is statistically homogeneous so that ensemble averages can be replaced by corresponding volume averages. Thus, the bulk stress tensor is given by

$$\tau = \langle \boldsymbol{\sigma} \rangle = \frac{1}{V} \int\limits_{V} \boldsymbol{\sigma} \, \mathrm{d}V = \frac{1}{V} \int\limits_{V_m} \boldsymbol{\sigma} \, \mathrm{d}V + \frac{1}{V} \sum_{\alpha} \int\limits_{V_\alpha} \boldsymbol{\sigma} \, \mathrm{d}V , \tag{1}$$

where V is a representative volume element (Hill, 1963), V_m, the matrix volume in V and V_α is the volume of particle α in V, such that

$$V_m + \sum_{\alpha} V_\alpha = V .$$

In Eq. (1) $\boldsymbol{\sigma}$ is the local stress tensor, namely

$$\boldsymbol{\sigma}(\boldsymbol{x}) = \begin{cases} \lambda(\mathrm{tr}\,\boldsymbol{\varepsilon})\,\boldsymbol{1} + 2\eta\boldsymbol{\varepsilon} , & \boldsymbol{x} \text{ inside the matrix material} , \\ \lambda^*(\mathrm{tr}\,\boldsymbol{\varepsilon})\,\boldsymbol{1} + 2\eta^*\boldsymbol{\varepsilon} , & \boldsymbol{x} \text{ inside the particle} , \end{cases}$$

where λ, λ^* and η, η^* are the Lamé constants of the matrix and a particle, respectively.

In a quasi-static deformation state, σ is divergence-free everywhere, as a result of which the integrals in the second term on the right hand side of (1) can be converted to surface integrals:

$$\tau = (1 - \varphi)\,\sigma_m + \frac{1}{V} \sum_\alpha \int_{A_\alpha} x\sigma \cdot n \, dA , \tag{2}$$

where φ is the particle volume fraction $\left(= \sum_\alpha V_\alpha/V\right)$ and $(1-\varphi)\,\sigma_m$ is the matrix-contributed stress tensor.

This formulation is rigorous and has been developed by many authors working on suspension mechanics problems (see e.g. BATCHELOR, 1974, for a review).

In the limit of a dilute concentration of particle when $\varphi \to 0$, the stress field within a particle is unaffected by the presence of other particles. For simple particle shapes, the particle contribution to the stress tensor (the second term on the right hand side of (2)) can be explicitly obtained. For a sphere of radius a we have (WALPOLE, 1972)

$$\frac{\lambda_c}{\lambda} = 1 + \frac{1}{\lambda}\left(\left(K + \frac{4}{3}\eta\right)\gamma_1 - 10\eta(1 - \nu)\,\gamma_2\right)\varphi + 0(\varphi^2) , \tag{3}$$

$$\frac{\mu_c}{\mu} = 1 + 15(1 - \nu)\,\gamma_2\varphi + 0(\varphi^2) , \tag{4}$$

where subscript c denotes a composite property; K is the bulk modulus $(\equiv \lambda + \frac{2}{3}\eta)$ and ν Poisson's ratio. Other parameters in (3) and (4) are defined as follows

$$\gamma_1 = (3K^* - 3K)/(3K^* + 4\eta) , \qquad \gamma_2 = (\beta - 1)/\big(2\beta(4 - 5\nu) + 7 - 5\nu\big) , \qquad \beta = \eta^*/\eta .$$

Accurate expressions for the composite Lamé constants (up to $0(\varphi^2)$) have been obtained by CHEN and ACRIVOS (1978) and have been confirmed by O'BRIEN (1979).

In this paper we are concerned with the opposite limit, namely when the particles are in high concentration and φ is close to its maximum value (almost touching particles). The method we adopt is similar to that used by BATCHELOR and O'BRIEN (1977) in their study of the bulk thermal conductivity of a granular material.

We consider here the simple case of identical elastic particles of radius a embedded in an elastic matrix, (Fig. 1). At high concentrations of particles, the load transfer in the composite occurs at the points of near contact of neighbouring particles; henceforth, the region in the neighbourhood of a near contact point will be referred to as a contact region, (Fig. 1). As the magnitude of the transfer load will be large in the vicinity of the point of near contact, the integrals in (2) can be approximated by the sum of contributions from all the contact regions:

$$\int_{A_\alpha} x\sigma \cdot n \, dA = \sum_\beta x_\beta \Pi_\beta , \tag{5}$$

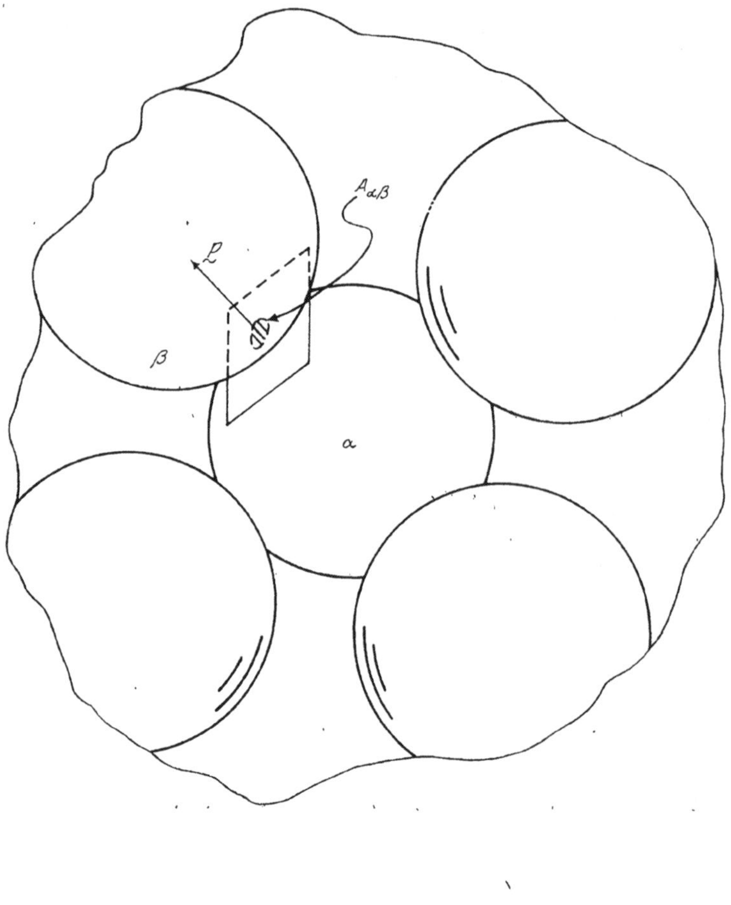

Figure 1. A typical microstructure of particulate solids

where $\boldsymbol{x}_\beta$ is the position vector of the contact region β and

$$\boldsymbol{H}_\beta = \int_{A_{\alpha\beta}} \boldsymbol{\sigma} \cdot \boldsymbol{n} \, \mathrm{d}A., \tag{6}$$

where $A_{\alpha\beta}$ is the area of the contact region β of particle α.

At high concentrations of particles we may replace V by the volume of one particle. Thus,

$$\boldsymbol{\tau} = \frac{3}{4\pi a^2} \sum_\beta \boldsymbol{p}_\beta \boldsymbol{H}_\beta \,, \tag{7}$$

where $\boldsymbol{p}_\beta$ is a unit vector defining the contact region β of the generic particle. In reducing (2) to (7) we have used the identity

$$\sum_\beta \boldsymbol{H}_\beta = 0 \,.$$

Thus, to evaluate the bulk stress tensor, $\boldsymbol{\tau}$, we need to evaluate $\boldsymbol{H}_\beta$, the load transfer vector in the contact region β. We consider this question next.

3. The Load Transfer between two Particles nearly in Contact

We consider here the contact problem of two identical spheres of high Young's modulus (compared to the matrix Young's modulus), see Fig. 2. When the particles are nearly in contact, the thickness of the matrix layer, $2h$, can be approximated by a quadratic function of r, the radial coordinate:

$$h = h_0 + r^2/2a + 0(r^4/a^3) \tag{8}$$

where $2h_0$ is the minimum thickness of the matrix layer between the particles.

If the relative displacement of the centres of the spherical particles is $2\Delta h$, we have (Fig. 2)

$$\omega^* + \omega = \Delta h - r^2/2a \,, \tag{9}$$

where ω^* and ω are given by the Hertzian contact theory (LANDAU and LIFSHITZ, 1959):

$$\omega = \frac{1-\nu^2}{\pi E} \iint_{A\beta} \frac{q(r')}{(r^2 + r'^2 - 2rr' \cos\theta)^{1/2}} r' \, \mathrm{d}\theta \, \mathrm{d}r' \,, \tag{10}$$

$$\omega^* = \frac{1-\nu^{*2}}{\pi E^*} \iint_{A\beta} \frac{q(r')}{(r^2 + r'^2 - 2rr' \cos\theta)^{1/2}} r' \, \mathrm{d}\theta \, \mathrm{d}r'. \tag{11}$$

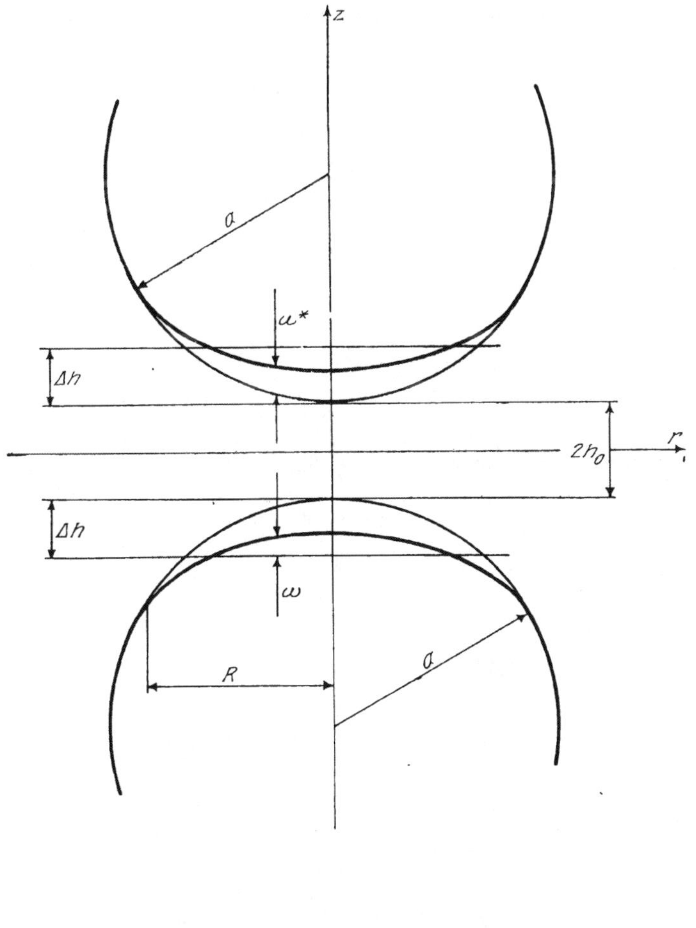

Figure 2. The load tansfer problem between two generic particles

Here, A_β is the contact area, $q(r)$, the normal loading and, as before, the superscript * denotes a particle property.

Let $I\left(\frac{r'}{r}\right)$ represent the following function

$$I\left(\frac{r'}{r}\right) = \frac{1}{\pi} \int_0^{2\pi} \frac{r' \, d\theta}{(r^2 + r'^2 - 2rr' \cos \theta)^{1/2}} = \frac{4r'}{\pi(r + r')} K\left(\frac{2\sqrt{rr'}}{r + r'}\right), \tag{12}$$

where $K(k)$ is the complete elliptic integral of the 1st kind — Note that our $K(k)$ is identical to $K(k^2)$ used by BATCHELOR and O'BRIEN (1977) — (GRADSHTEYN and RYSHIK, 1965), then from (9)—(11), we get

$$\left(\frac{1 - \nu^2}{E} + \frac{1 - \nu^{*2}}{E^*}\right) \int_0^R q(r') \, I\left(\frac{r'}{r}\right) dr' = \Delta h - \frac{r^2}{2a}, \tag{13}$$

where R is the contact radius.

This problem has been studied by TU and GAZIS (1964). However, in calculating the load transfer they regarded h to be constant and thus their treatment does not reflect the physical problem considered here.

Thin Plate Approximation

By Fourier transform techniques, TU and GAZIS (1964) found that, if the matrix layer between the particles was thin enough, the displacement field in the layer corresponded to plane stress deformation.

This can be seen independently from the following order-of-magnitude analysis.

Let u and v be the radial and vertical displacements of the thin plate (thin elastic layer between particles). In a quasi-static deformation state, we have

$$\frac{\partial}{\partial r}\left(\frac{1}{r} \frac{\partial}{\partial r}(ur) + \frac{\partial v}{\partial z}\right) + (1 - 2\nu)\left(\frac{\partial^2 u}{\partial z^2} + \frac{1}{r} \frac{\partial}{\partial r}\left(r \frac{\partial u}{\partial r}\right) - \frac{u}{r^2}\right) = 0, \tag{14}$$

$$\frac{\partial}{\partial z}\left(\frac{1}{r} \frac{\partial}{\partial r}(ur) + \frac{\partial v}{\partial z}\right) + (1 - 2\nu)\left(\frac{\partial^2 v}{\partial z^2} + \frac{1}{r} \frac{\partial}{\partial r}\left(r \frac{\partial v}{\partial r}\right)\right) = 0. \tag{15}$$

When appropriately normalized, (14) and (15) reduce to

$$\frac{\partial^2 u}{\partial z^2} = 0\left(\frac{h^2}{R^2}\right), \qquad \frac{\partial^2 v}{\partial z^2} = 0\left(\frac{h^2}{R^2}\right). \tag{16}$$

Allowing for the axisymmetry of the problem, the solution of (16) can be written as

$$u = u(r), \qquad v = -zW(r), \tag{17}$$

which confirms the generalized plane stress behaviour.

From the stress-strain relationship

$$\frac{1}{r} \frac{\partial}{\partial r}(ur) = -\frac{(1 + \nu)(1 - 2\nu)}{\nu E} q + \frac{1 - \nu}{\nu} W, \tag{18}$$

and the equilibrium equation (14),

$$\frac{1}{r} \frac{\partial}{\partial r}(ur) = \frac{W}{2(1 - \nu)},$$

we have

$$W(r) = \frac{2(1 - \nu^2)}{(2 - \nu) E} q(r). \tag{18}$$

Equation (18) is different from that obtained by TU and GAZIS (1964) by a factor of $(2 - \nu)/2$. This is because in their treatment TU and GAZIS have also assumed that the shear stress identically vanishes which is only possible if $W(r)$ is a constant.

Thus, if the matrix layer between the spherical particles is thin the integral (10) reduces to

$$\omega(r) = \frac{2(1 - \nu^2)}{(2 - \nu) E} hq(r), \tag{19}$$

and equation (13) becomes

$$\frac{1}{2 - \nu} khq + \frac{1}{2} k^* \int_0^R q(r') \, I\left(\frac{r'}{r}\right) dr' = \Delta h - \frac{r^2}{2a}, \tag{20}$$

where

$$k = \frac{2(1 - \nu^2)}{E}, \qquad k^* = \frac{2(1 - \nu^{*2})}{E^*}. \tag{21}$$

Since h is not a constant, the Fourier transform technique developed by TU and GAZIS (1964) is not applicable here. We shall endeavour to find asymptotic results for $q(r)$ by transforming (20) to an expression similar to that obtained by BATCHELOR and O'BRIENC, (1977). To do this, let us define $f(r)$ by

$$\frac{1}{2-\nu} khq = \Delta h\left(1 - f(r)\right), \tag{22}$$

whereupon the integral equation (20) is transformed to

$$f(r) = \frac{2-\nu}{2}\frac{k^*}{k}\int_0^R \frac{1-f(r')}{h_0 + r'^2/2a} I\left(\frac{r'}{r}\right) dr' + \frac{r^2}{2a\,\Delta h}. \tag{23}$$

We are interested in finding an asymptotic solution to (23) for the case of nearly-rigid particles, i.e. when

$$\varkappa = \frac{k}{k^*} \gg 1 .$$

Following BATCHELOR and O'BRIEN (1977) we stretch the coordinates according to

$$s = \varkappa\frac{r}{a}, \qquad t = \varkappa\frac{r'}{a}, \qquad \lambda = \frac{2\varkappa^2 h_0}{a}$$

so that the integral (23) becomes

$$f(s) = (2-\nu)\int_0^{\varkappa R/a} \frac{1-f(t)}{\lambda + t^2} I\left(\frac{t}{s}\right) dt + \frac{as^2}{2\varkappa^2\Delta h}. \tag{24}$$

The magnitude of load transfer vector is

$$H = 2\pi\int_0^R q(r)\, r\, dr = \frac{2\pi(2-\nu)\, a\,\Delta h}{k}\int_0^{\varkappa R/a} \frac{1-f(s)}{\lambda + s^2} 2s\, ds$$

or

$$\mathcal{H} = \frac{Hk}{2\pi(2-\nu)\, a\,\Delta h} = \int_0^{\varkappa R/a} \frac{1-f(s)}{\lambda + s^2} 2s\, ds .$$

For $h_0/a \ll 1$, this becomes

$$\mathcal{H} \sim \ln\left(\frac{a}{h_0}\right) + \mathcal{K}_1 - P , \tag{25}$$

where $\mathcal{K}_1 = \ln(R^2/2a^2)$ is a term of order unity and

$$P = \int_0^{\varkappa R/a} \frac{f(s)}{\lambda + s^2} 2s\, ds . \tag{26}$$

Rigid Particles

For perfectly rigid particles $\varkappa$ tends to ∞, and we have

$$f(s) = \frac{as^2}{2\varkappa^2\,\Delta h} \sim 0 . \tag{27}$$

Hence the non-dimensional magnitude of load transfer vector is

$$\mathcal{H} = \ln\left(\frac{a}{h_0}\right) + \mathcal{K}_1 . \tag{28}$$

(28) is similar to that obtained by BATCHELOR and O'BRIEN (1977) for the analogous case of perfectly conducting particles. Note that a/h_0 is a function of the volumetric concentration of the particles.

Nearly-Touching Particles

Asymptotic results for the case of nearly-touching particles, i.e. when

$$\lambda = 2\varkappa^2 h_0/a \ll 1 , \tag{29}$$

can also be derived.

To this end, let us note that

$$I\left(\frac{t}{s}\right)=\begin{cases}\dfrac{4}{\pi}\dfrac{t}{s}K\left(\dfrac{t}{s}\right) & \text{if } t<s\,,\\[2ex] \dfrac{4}{\pi}\dfrac{s}{t}K\left(\dfrac{s}{t}\right) & \text{if } s<t\,,\end{cases} \tag{30}$$

where we have used the identity $K\left(\frac{2\sqrt{x}}{1+x}\right)=(1+x)\,K(x)$, $x\leqq 1$ (GRADSHTEYN and RYZHIK, 1965). Therefore, (24) becomes

$$f(s)=\frac{as^2}{2\varkappa^2\,\Delta h}+\frac{4(2-\nu)}{\pi}\left\{\int\limits_0^s\frac{1-f(t)}{\lambda+t^2}\,\frac{t}{s}\,K\left(\frac{t}{s}\right)\mathrm{d}t+\int\limits_s^{\varkappa R/a}\frac{1-f(t)}{\lambda+t^2}\,\frac{s}{t}\,K\left(\frac{s}{t}\right)\mathrm{d}t\right\}. \tag{31}$$

The major contribution of the first integral on the right hand side of equation (31) comes from the lower limit ($t\sim 0$). Moreover, by changing the variable $\eta = s/t$ in the second integral, it is easily seen that the integral almost vanishes near $s = 0$.

Thus,

$$f(s)\sim(2-\nu)\frac{\ln s}{s}+\frac{Rs^2}{2\varkappa^2\,\Delta h}\,. \tag{32}$$

Neglecting the term $0(1/\varkappa^2)$ in (32), we see that f asymptotically follows $s^{-1}\ln s$, a fact also pointed out by BATCHELOR and O'BRIEN (1977).

Now since the major contribution to P comes from values near $s\sim 0$, we have the following asymptotic result:

$$P=\int\limits_0^\infty\frac{f(s)}{\lambda+s^2}\,2s\,\mathrm{d}s\sim\ln\lambda^{-1}\,.$$

The asymptotic dimensionless load transfer is, therefore,

$$\mathcal{H}=\ln\varkappa^2+\mathcal{H}_2 \tag{33}$$

where $\mathcal{H}_2=\ln\,(R^2/a^2)$ is a term of order unity.

Numerical Results for Nearly-Touching Particles

It is possible to simplify numerical calculations by making the best use of the numerical results already obtained by BATCHELOR and O'BRIEN (1977). It is sufficient to redefine the variables in equation (24) as follows:

$$\eta=s/(2-\nu)\,,\qquad \eta'=t/(2-\nu)\,,\qquad \lambda'=\lambda/(2-\nu)^2\,. \tag{34}$$

Neglecting the term of order $0(1/\varkappa^2)$, we have

$$f(\eta)=\int\limits_0^\infty\frac{1-f(\eta')}{\lambda'+\eta'^2}\,I\left(\frac{\eta'}{\eta}\right)\mathrm{d}\eta' \tag{35}$$

which, in fact, is identical to the expression given by BATCHELOR and O'BRIEN (1977). Their numerical calculations show that

$$\ln\frac{a}{h_0}-P'=\ln\varkappa^2-3.9-0.1\lambda'\,, \tag{36}$$

where

$$P'=\int\limits_0^\infty\frac{f(\eta)}{\lambda'+\eta^2}\,2\eta\,\mathrm{d}\eta=\int\limits_0^\infty\frac{f(s)}{\lambda+s^2}\,2s\,\mathrm{d}s=P\,.$$

Therefore,

$$\ln\frac{a}{h_0}-P=\ln\varkappa^2-3.9-0.1\lambda/(2-\nu)^2\,. \tag{37}$$

Strictly speaking, expression (37) is not valid up to terms of order $0(1/\varkappa^2)$ (last term on the right hand side of (37)). Therefore, on neglecting terms of $0(1/\varkappa^2)$, we have the following expression for dimensionless load transfer parameter:

$$\mathcal{H}=\ln\varkappa^2-3.9+\mathcal{H}_1\,. \tag{38}$$

5. Overal (Effective) Moduli of Composite

The bulk stress tensor of the composite, equation (7), can now be written as

$$\tau = \frac{3(2-\nu)}{4(1-\nu^2)} E \sum_\beta' \frac{\Delta h}{a} \mathcal{H} \boldsymbol{p}_\beta \boldsymbol{p}_\beta , \tag{39}$$

where $\mathcal{H}$ is given by (28) if the particles are perfectly rigid ($\lambda \gg 1$) and by (38) if they are nearly touching each other ($\lambda \ll 1$).

Now suppose a deformation gradient $\boldsymbol{F}$ is imposed on the composite, where

$$\boldsymbol{F} = \partial \boldsymbol{x}/\partial \boldsymbol{X} , \qquad F_{ij} = \partial x_i/\partial X_j . \tag{40}$$

Here, $\boldsymbol{x}$ is the position vector in the deformed configuration and $\boldsymbol{X}$, the position vector in the undeformed configuration. The passage to infinitesimal strain will be made later.

Denote by $\boldsymbol{x}_\alpha$ and $\boldsymbol{X}_\alpha$ the position vectors of the centre of particle α in the deformed and undeformed configuration, respectively. Then

$$\boldsymbol{x}_\alpha - \boldsymbol{x}_\beta = \boldsymbol{F}(\boldsymbol{X}_\alpha - \boldsymbol{X}_\beta) + 0(a^2/l^2) , \tag{41}$$

where l is the variation length scale of $\boldsymbol{F}$, i.e. the length scale over which $\boldsymbol{F}$ considerably varies. If $a^2/l^2 \ll 1$ and can be neglected, the centre-to-centre vector deforms in an affine manner, i.e.

$$(R + 2\Delta h)\, \boldsymbol{p} = R\boldsymbol{F}\boldsymbol{P} , \tag{42}$$

where R ($\simeq 2a$) is the centre-to-centre distance, $\boldsymbol{P}$, a unit vector in the undeformed configuration, $\boldsymbol{p}$, a unit vector in the deformed configuration. Thus, we obtain

$$\boldsymbol{p} = \boldsymbol{F}\boldsymbol{P}/|\boldsymbol{F}\boldsymbol{P}| \tag{43}$$

and

$$\frac{\Delta h}{a} = |\boldsymbol{F}\boldsymbol{P}| - 1 . \tag{44}$$

At infinitesimal strains, we have

$$\boldsymbol{F} = \boldsymbol{1} + \boldsymbol{\gamma} + 0(|\gamma|^2) ,$$

where $\boldsymbol{\varepsilon} = \frac{1}{2}(\boldsymbol{\gamma} + \boldsymbol{\gamma}^T)$ is the classical infinitesimal strain tensor. Therefore, (44) reduces to

$$\frac{\Delta h}{a} = \boldsymbol{\varepsilon} : \boldsymbol{P}\boldsymbol{P} + 0(|\gamma|^2) . \tag{45}$$

Also, the second-order moment $\boldsymbol{p}\boldsymbol{p}$ is:

$$\boldsymbol{p}\boldsymbol{p} = \boldsymbol{P}\boldsymbol{P} + \boldsymbol{\gamma}\boldsymbol{P}\boldsymbol{P} + \boldsymbol{P}\boldsymbol{P}\boldsymbol{\gamma}^T - 2\boldsymbol{\gamma} : \boldsymbol{P}\boldsymbol{P}\,\boldsymbol{P}\boldsymbol{P} + 0(|\gamma|^2) \tag{46}$$

so that, up to terms of $0(|\gamma|^2)$, the composite stress tensor is given by

$$\tau = \frac{3(2-\nu)}{4(1-\nu^2)} E\mathcal{H} \sum_\beta' \boldsymbol{\varepsilon} : \boldsymbol{P}\boldsymbol{P}\boldsymbol{P}\boldsymbol{P} . \tag{47}$$

If N is the numer of neighbouring particles and $\langle\cdot\rangle$ denotes an ensemble average, (47) can be rewritten as

$$\tau = \frac{3(2-\nu)}{4(1-\nu^2)} E\mathcal{H}N\boldsymbol{\varepsilon} : \langle \boldsymbol{P}\boldsymbol{P}\boldsymbol{P}\boldsymbol{P} \rangle . \tag{48}$$

Equation (48) clearly displays the dependence of $\boldsymbol{\tau}$ on the statistics of packing.

Now, for an isotropic random packing $N = 6.5$ and

$$\langle P_i P_j P_k P_l \rangle = \frac{1}{15} (\delta_{ij}\delta_{kl} + \delta_{ik}\delta_{jl} + \delta_{il}\delta_{jk}) , \tag{49}$$

and

$$\tau_{ij} = \frac{2-\nu}{20(1-\nu^2)} NE\mathcal{H}(\varepsilon_{kk}\delta_{ij} + 2\varepsilon_{ij}) \tag{50}$$

where δ_{ij} is the Kronecker delta.

The effective Lamé constants of the composite are

$$\lambda_c = \frac{(2-\nu)\, NE\mathcal{H}}{20(1-\nu^2)} = \eta_c . \tag{51}$$

Note that effective Poisson's ratio is 1/4. This is an important feature of structural theory of solids based on centre-to-centre interaction. It was already pointed out by POISSON in a mémoir read to the Paris Academy of Sciences in 1829, see LOVE (1944). This feature can be deemed to be a draw-back of the present model. However, incorporation of the shear force between two generic particles will remove this shortcoming. The shear modulus ratio, however, is expected to be accurately predicted by (51):

$$\frac{\eta_c}{\eta} = \frac{(2-\nu)\, N\mathcal{H}}{10(1-\nu)} . \tag{52}$$

For nearly touching particles, (52) gives

$$\frac{\eta_c}{\eta} = 0.65 \frac{2 - \nu}{1 - \nu} (\ln \varkappa^2 - 3.9 + \mathcal{K}_1) , \tag{53}$$

where $\varkappa$, as before, is given by,

$$\varkappa = (1 - \nu^2) E^*/E(1 - \nu^{*2}) , \tag{54}$$

and $\mathcal{K}_1$ is a term of order unity. It is a trivial matter to find relations similar to (53) for other types of packing; only the numerical constant in front of the brackets in (53) would be different. For rigid particles (52) yields

$$\frac{\eta_c}{\eta} = 0{,}65 \frac{2 - \nu}{1 - \nu} \left(\ln \left(\frac{a}{h_0} \right) + \varkappa_t \right) \sim - 0{,}65 \frac{2 - \nu}{1 - \nu} \ln (\varphi_m - \varphi) \tag{55}$$

where $\varphi_m = 0{,}63$ is the maximum volume fraction (for a random distribution of particles) and φ is the volume fraction of the particles. In deriving (55) we have approximated a/h_0 by $\varphi^{1/3}/(\varphi_m^{1/3} - \varphi^{1/3})$ and terms of the order unity have been neglected.

References

1 Batchelor, G. K., 1974, Ann. Rev. Fluid Mech., **6**, 227.
2 Batchelor, G. K.; O'Brien, R. W., 1977, Proc. R. Soc. Lond. **A.355**, 313.
3 Chen, H. S.; Acrivos, A., 1978, Int. J. Solid. Struct., **14**, 349.
4 Dewey, J. M., 1947, J. Appl. Phys., **18**, 578.
5 Hill, R., 1963, J. Mech. Phys. Solids, **11**, 357.
6 Landau, L. D.; Lifshitz, E. M., 1959, Theory of Elasticity, Pergamon.
7 Laws, N.; McLaughlin, R., 1979, J. Mech. Phys. Solids, **27**, 1.
8 Love, A. E. H., 1944, A Treatise on the Mathematical Theory of Elasticity, Note B, Dover.
9 O'Brien, R. W., 1979, J. Fluid Mech., **91**, 17.
10 Smallwood, H. M., 1944, J. Appl. Phys., **15**, 758.
11 Tu, Y. O.; Gazis, D. C., 1964, J. Appl. Mech., ASME, **31**, 659.
12 Walpole, L. J., 1971, Quart. J. Mech. Appl. Math., **25**, 153.
13 Willis, J. R., 1977, J. Mech. Phys. Solids, **25**, 185.

Eingereicht am 5. 1. 1981

Anschrift: Dr. N. Phan-Thien, B. L. Karihaloo, The University of Sydney, Department of Mechanical Engineering, New South Wales, 2006, Australia

ZAMM 62, 191–199 (1982)

W. HACKMANN

Zur Lösung der Grundgleichungen des Fadens bei gleichförmiger Bewegung in einer Flüssigkeit

Diese Arbeit beschäftigt sich mit der Anwendung des Gedankens der sukzessiven Approximation auf die Lösung der Grundgleichungen des in einer Flüssigkeit gleichförmig bewegten Fadens sowie daraus abgeleiteter diskretisierter Systeme. Es werden Existenz- und Eindeutigkeitsaussagen für die Lösungen dieser Systeme bei Vorliegen von Anfangsbedingungen sowie Aussagen zur Konvergenzgeschwindigkeit des Verfahrens hergeleitet. In den praktisch wichtigen Fällen weisen diese Ergebnisse im „glatten" und im diskreten Fall eine hohe Übereinstimmung auf.

In this paper the idea of successive approximation is used to evaluate the equations of a thread uniformly moved in fluid and to solve a system derived from these equations by discretisation. Statements are derived about existence and uniqueness of the solutions of these systems under initial conditions and about the speed of convergence of the method. In practical important cases the statements for both systems are similar to each other.

Эта работа занимается применением идеи последовательных приближений к решению основных уравнений задачи равномерно движущейся в жидкости нитки и к решению соответствующих дискретизированных систем. Изучается существование и единственность решений этих систем при заданных начальных условий. Кроме того изучается скорость сходимости метода. В на практике важных случаях результаты „гладкого" и дискретного случая хорошо согласуются.

1. Einleitung

Die Grundgleichungen für die Berechnung von Form und Zugkraft eines ideal biegsamen Fadens bei gleichförmiger Bewegung in einer zähen, inkompressiblen Flüssigkeit lauten im allgemeinsten Fall eines dehnbaren Fadens (siehe [1]):

$$\left.\begin{aligned}
&\frac{d}{ds}\left(\frac{p}{f(p)}\frac{dx}{ds}\right) + f(p)\,f_1(p)\,h_x\left(\frac{1}{f(p)}\frac{dr}{ds}\right) = 0\,,\\
&\frac{d}{ds}\left(\frac{p}{f(p)}\frac{dy}{ds}\right) + f(p)\,f_1(p)\,h_y\left(\frac{1}{f(p)}\frac{dr}{ds}\right) = 0\,,\\
&\frac{d}{ds}\left(\frac{p}{f(p)}\frac{dz}{ds}\right) + f(p)\,f_1(p)\,h_z\left(\frac{1}{f(p)}\frac{dr}{ds}\right) + [\varrho v_0 f_1^2(p)\,f(p) - g_0] = 0\,,
\end{aligned}\right\} \tag{1}$$

$$\left|\frac{1}{f(p)}\frac{dr}{ds}\right| = 1\,, \qquad p(s) \geqq 0\,. \tag{2}$$

Erklärung der Abkürzungen: Der Vektor $r(s) = (x(s), y(s), z(s))^T$ bezeichnet die Parameterdarstellung der durch den gedehnten Faden beschriebenen Kurve in Abhängigkeit von der Bogenlänge s des ungedehnten Fadens, $p(s)$ die Fadenzugkraft in $r(s)$; $f(p) > 0$ beschreibt das Dehnungsverhalten des Fadens unter dem Einfluß der Fadenzugkraft $p \geqq 0$, $f_1(p)$ die Querkontraktion bei $p \geqq 0$, $h(e) = (h_x(e), h_y(e), h_z(e))^T$ den Vektor der hydrodynamischen Belastung pro Längeneinheit auf ein ungedehntes Fadenstück der Richtung e mit $|e| = 1$, das in x-Richtung gleichförmig bewegt wird; $f(p)$, $f_1(p)$, $h(e)$ sind bekannte, experimentell bestimmte Funktionen, wobei $f(p)$, $f_1(p)$ für $p \geqq 0$ hinreichend oft nach p differenzierbar und $h(e)$ für $|e| = 1$ nach allen Argumenten hinreichend oft partiell differenzierbar sind. Die Komponenten von $h(e)$ sind in wichtigen Fällen Polynome in den Komponenten von e. ϱ bezeichnet das spezifische Gewicht der Flüssigkeit und v_0 bzw. g_0 das Volumen bzw. Gewicht pro Längeneinheit des ungedehnten Fadens. $|.|$ bedeutet die euklidische Vektornorm. Die Lösung des Systems (1), (2) unter verschiedenen Nebenbedingungen spielt eine wichtige Rolle bei der Nachrechnung von Form und Zugkraft in Fäden und allgemeinen Zugsystemen (Leinen, Leinensysteme, Netze, die unter der Wirkung äußerer Belastungen stehen) insbesondere in der Fischereitechnik. STENGEL und FRIDMAN [1] schlagen vor, die Gleichungen (1) im Falle von dehnbaren Fäden bei Vorliegen von Anfangsbedingungen mit Hilfe des Runge-Kutta-Verfahrens zu lösen. Im Spezialfall des undehnbaren Fadens ($f(p) \equiv 1$ und $f_1(p) \equiv 1$) wird empfohlen, statt (2) die Gleichung

$$\dot{p} + \dot{r}^T[h(\dot{r}) + (\varrho v_0 - g_0)\,k] = 0 \tag{2'}$$

(k ist der Einheitsvektor in z-Richtung) zu verwenden, die dadurch entsteht, daß das System (1) von links mit $\dot{r}^T$ multipliziert wird unter Beachtung von $\dot{r}^T\dot{r} = 1$ und $\dot{r}^T\ddot{r} = 0$ wegen (2). Das System (1), (2') wird dann in ein System 1. Ordnung mit 7 Gleichungen übergeführt. Die Lösung von Anfangswertaufgaben soll nach [1] wieder mit Hilfe des Runge-Kutta-Verfahrens erfolgen. Für Randwertaufgaben ist die Anwendung des Schießverfahrens vorgesehen. Weiter werden in [1] für einfache Spezialfälle die allgemeinen Lösungen von (1), (2') angegeben. Existenz- und Eindeutigkeitsaussagen werden in [1] nicht gemacht.

LEITZKE [5] betrachtet mit einer technischen Motivierung im Falle des undehnbaren Fadens statt (1), (2) ein System von gewöhnlichen Gleichungen mit verschiedenen Nebenbedingungen. Wir zeigen in Abschnitt 4, daß LEITZKES Herangehen nichts anderes ist als die Diskretisierung von (1), (2) mit Hilfe der Trapezregel. Das von ihm vorgeschlagene Lösungsverfahren erweist sich als eine spezielle Variante der Lösung des diskretisierten Systems mittels sukzessiver Approximation. Zumindest im Falle des undehnbaren Fadens besitzen die Lösungen des diskretisierten Systems eine eigenständige technische Bedeutung, so daß man Aussagen über Existenz und Eindeutigkeit von Lösungen dieses Systems nebst Abschätzungen zur Konvergenzgeschwindigkeit des Verfahrens benötigt. Solche Ergebnisse sind in [5] nicht enthalten.

Das Ziel dieser Arbeit besteht darin, durch Anwendung des Gedankens der sukzessiven Approximation auf (1), (2) sowie (14), (15) (siehe Abschnitt 4) Existenz- und Eindeutigkeitsaussagen für Lösungen von Anfangswertaufgaben einschließlich Aussagen zur Konvergenzgeschwindigkeit herauszuarbeiten.

2. Grundgedanken der Modellierung; Lösung der Fadengleichungen in Spezialfällen

Besonders übersichtlich ist die Ableitung der Grundgleichungen für den undehnbaren Faden bei in s gegebener äußerer Belastung pro Längeneinheit $-K(s)$. Wir bemerken, daß Undehnbarkeit bedeutet $|\dot{r}(s)| = 1$.

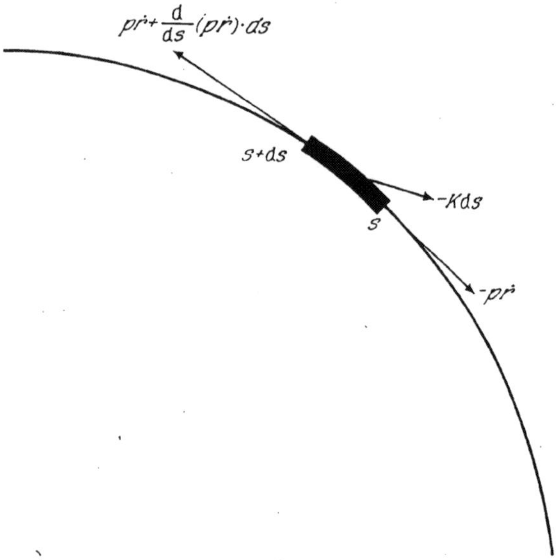

Abb. 1

Auf ein Fadenelement der Länge ds wirken die aus Abbildung 1 ersichtlichen Kräfte. Im Kräftegleichgewicht gilt demzufolge

$$\frac{d}{ds}(p\dot{r}) = K(s) .$$

Tatsächlich ist i. a. die äußere Belastung in s nicht bekannt, sondern setzt sich aus Gewicht und Auftrieb sowie der hydrodynamischen Belastung pro Längeneinheit zusammen, die ihrerseits von der Richtung $\dot{r}$ des Fadenelements abhängt. Wählen wir die x-Achse in Bewegungsrichtung und die z-Achse in Richtung des Auftriebs, so ergibt sich $-K(s) = (h_x(\dot{r}), h_y(\dot{r}), h_z(\dot{r}) + (\varrho v_0 - g_0))^T$, womit wir (1), (2) im Spezialfall $f(p) \equiv 1, f_1(p) \equiv 1$ erhalten haben.

Beispiel 1: Undehnbarer Faden bei konstanter äußerer Belastung $-K(s) \equiv -K \neq 0$
Das Gleichungssystem (1), (2) lautet dann

$$\frac{d}{ds}(p\dot{r}) = K , \quad |\dot{r}| = 1 , \quad p \geqq 0 .$$

Für Lösungen $p(s)$, $r(s)$ ergibt sich zunächst nach Integration

$$p\dot{r} = Ks + \alpha K + \beta g$$

(α beliebig, $\beta \geqq 0$, g beliebiger zu K orthogonaler Einheitsvektor).

1. Fall: $\beta = 0$; erneute Integration liefert

$$\left.\begin{aligned} r(s) &= |s + \alpha| \frac{K}{|K|} + r_0 \quad (r_0 \text{ beliebiger fester Vektor}) , \\ p(s) &= |s + \alpha| \, |K| . \end{aligned}\right\} \quad (3)$$

2. Fall: $\beta > 0$; Integration ergibt hier

$$\left.\begin{aligned} r(s) &= g \frac{\beta}{|K|} \operatorname{arsinh}(a) + \frac{K}{|K|} \frac{\beta}{|K|} (1 + a^2)^{1/2} + r_0 \\ &\quad (r_0 \text{ beliebiger fester Vektor}) , \\ p(s) &= \beta(1 + a^2)^{1/2} \quad \text{bei} \quad a = |K| \, (s + \alpha)/\beta . \end{aligned}\right\} \quad (4)$$

Nur im 1. Fall kann $p(s)$ auch den Wert Null annehmen. In diesem Punkt mit $s = -\alpha$ sind dann die Differenzierbarkeitseigenschaften nicht erfüllt. Für sign $(s + \alpha) = +1$ ist $r(s)$ eine Parameterdarstellung der Halbgeraden in Richtung K, beginnend in r_0, für sign $(s + \alpha) = -1$ eine Parameterdarstellung der gleichen Halbgeraden mit entgegengesetzter Orientierung. Durch Zusammensetzen entsteht in Form von (3) eine physikalisch sinnvolle verallgemeinerte Lösung des Gleichungssystems.

Im 2. Fall besitzt die Lösung für beliebige s stets die erforderlichen Differenzierbarkeitseigenschaften. Überall gilt $p(s) > 0$.

Lösung von Anfangswertaufgaben:

$$p(s_0)\,\dot{r}(s_0) = \bar{\alpha} K + \bar{\beta} \bar{g}\,, \qquad r(s_0) = \bar{r}_0\,,$$

$\bar{\alpha}$ beliebig, $\bar{\beta} \geqq 0$, $\bar{g}$ beliebiger zu K orthogonaler Einheitsvektor, $\bar{r}_0$ beliebiger fester Vektor. Für $\bar{\beta} = 0$ gehört die eindeutig bestimmte Lösung zur Schar (3), für $\bar{\beta} > 0$ zur Schar (4).

Lösung von Randwertaufgaben (RWA): Gesucht ist eine Lösung $p(s)$, $r(s)$ mit $r(\gamma) = r_\gamma$, $r(\delta) = r_\delta$ bei vorgegebenen r_γ, r_δ sowie $\delta > \gamma$.

Für $|r_\delta - r_\gamma| > \delta - \gamma$ ist die RWA unlösbar.

Gilt $|r_\delta - r_\gamma| = \delta - \gamma$, so existiert eine Lösung genau dann, wenn $(r_\delta - r_\gamma)/(\delta - \gamma) = \pm K/|K|$. In diesen Fällen gibt es dann sogar unendlich viele Lösungen in der Schar (3). Gilt z. B. das Pluszeichen, so ist für beliebige α mit $\alpha \geqq -\gamma$

$$r(s) = |s + \alpha|\; K/|K| + (r_\gamma - (\gamma + \alpha)\; K/|K|)\,, \qquad p(s) = |s + \alpha|\; |K|$$

eine Lösung der RWA.

Ist $|r_\delta - r_\gamma| < \delta - \gamma$, so läßt sich jede RWA im Bereich von (3) und (4) eindeutig lösen.

1. *Fall*: $r_\delta - r_\gamma = \bar{\alpha} \dfrac{K}{|K|}$ mit $|\bar{\alpha}| < \delta - \gamma$. Die Lösung gehört zur Schar (3).

2. *Fall*: $r_\delta - r_\gamma = \bar{\alpha} \dfrac{K}{|K|} + \bar{\beta}\bar{g}$ mit $(\bar{\alpha}^2 + \bar{\beta}^2)^{1/2} < \delta - \gamma$, α beliebig, $\bar{\beta} > 0$, $\bar{g}$ zu K orthogonaler Einheitsvektor. Unter Benutzung der Eigenschaften der Kettenlinie (siehe [2]) läßt sich die Eindeutigkeit der Lösung in der Schar (4) nachweisen.

Beispiel 2: Ideal dehnbarer Faden bei konstanter äußerer Belastung

$-K(s) \equiv -K \neq 0$ und $f(p) \equiv 1 + \varepsilon p$ bei $\varepsilon > 0$

Das Gleichungssystem (1), (2) lautet in diesem Spezialfall:

$$\frac{d}{ds}\left(\frac{p}{1 + \varepsilon p}\,\dot{r}(s)\right) = K\,, \qquad \left|\frac{1}{1 + \varepsilon p}\,\dot{r}\right| = 1\,, \qquad p \geqq 0\,.$$

Integration wie in Beispiel 1 ergibt zunächst

$$\frac{p}{1 + \varepsilon p}\,\dot{r} = Ks + \alpha K + \beta g\,.$$

1. Fall: $\beta = 0$,

$$\left.\begin{aligned} r(s) &= |s + \alpha|\,\frac{K}{|K|} + \frac{\varepsilon}{2}\,(s + \alpha)^2\, K + r_0\,, \\ p(s) &= |s + \alpha|\; |K|\,. \end{aligned}\right\} \tag{5}$$

2. Fall: $\beta > 0$,

$$\left.\begin{aligned} r(s) &= g\left[\frac{\beta}{K}\,\operatorname{arsinh}(a) + \varepsilon\beta(s + \alpha)\right] + \frac{K}{|K|}\left[\frac{\beta}{|K|}\,(1 + a^2)^{1/2} + \frac{\varepsilon}{2}\,(s + \alpha)^2\,|K|\right] + r_0\,, \\ p(s) &= \beta(1 + a^2)^{1/2}\,. \end{aligned}\right\} \tag{6}$$

Hinsichtlich der Eigenschaften der Lösungen (5) und (6) lassen sich die Bemerkungen von Beispiel 1 übertragen.

Gleiches gilt für die Lösung von Anfangswertaufgaben:

$$\frac{p(s_0)}{1 + \varepsilon p(s_0)}\,\dot{r}(s_0) = \bar{\alpha} K + \bar{\beta}\bar{g}\,, \qquad r(s_0) = \bar{r}_0\,.$$

Lösung von Randwertaufgaben: Im Unterschied zum Beispiel 1 des undehnbaren Fadens hat hier nun jede RWA eine eindeutig definierte Lösung im Bereich der Scharen (5) und (6).

1. *Fall*: $r_\delta - r_\gamma = \bar{\alpha} \dfrac{K}{|K|}$ mit $\bar{\alpha}$ beliebig.

Die Lösung gehört stets zu (5). Für

$$|\bar{\alpha}| > (\delta - \gamma) + \frac{\varepsilon}{2} (\delta - \gamma)^2 |K|$$

gehört die kritische Stelle $s = -\alpha$ nicht zum Intervall $[\gamma, \delta]$.

2. *Fall:* $r_\delta - r_\gamma = \bar{\alpha} \frac{K}{|K|} + \bar{\beta} \bar{g}$.

Nach langwierigen elementaren Rechnungen läßt sich die Eindeutigkeit der Lösung in (6) nachweisen. Dazu muß man zeigen, daß das Gleichungssystem

$$G\left(\alpha, \frac{\beta}{|K|}\right) \equiv \frac{\beta}{|K|} [\operatorname{arsinh} a - \operatorname{arsinh} b + \varepsilon |K| (\delta - \gamma)] = \bar{\beta},$$

$$H\left(\alpha, \frac{\beta}{|K|}\right) \equiv \frac{\beta}{|K|} [(1 + a^2)^{1/2} - (1 + b^2)^{1/2}] + \frac{\varepsilon}{2} |K| [(\delta + \alpha)^2 - (\gamma + \alpha)^2] = \bar{\alpha}$$

bei $a = \frac{|K|}{\beta} (\delta + \alpha)$, $b = \frac{|K|}{\beta} (\gamma + \alpha)$ für beliebig vorgegebene $\bar{\beta} > 0$ und $\bar{\alpha}$ sowie $\delta - \gamma > 0$ stets eine eindeutig bestimmte Lösung α und $\frac{\beta}{|K|}$ besitzt. Das gelingt bei Ausnutzung der Monotonieeigenschaften von G und H.

3. Lösung des Anfangswertproblems im allgemeinen Fall durch glatte Approximation

Wir wollen das System (1), (2) mit den Anfangsbedingungen

$$\left.\begin{aligned} &\frac{p(s_0)}{f(p(s_0))} \dot{r}(s_0) = \bar{p}_0 \bar{e}_0 \quad \text{mit} \quad \bar{p}_0 > 0, \qquad |\bar{e}_0| = 1, \\ &r(s_0) = \bar{r}_0 \end{aligned}\right\} \tag{7}$$

in einer Umgebung von s_0 lösen. Dazu setzen wir

$$e(s) = \dot{r}(s)/f(p),$$

womit (1), (2), (7) übergeht in ein System der Form

$$\frac{\mathrm{d}}{\mathrm{d}s}(pe) = K(s, e, p), \qquad |e| = 1, \qquad p \geqq 0, \tag{8), (9}$$

$$p(s_0)\, e(s_0) = \bar{p}_0 \bar{e}_0 \quad \text{mit} \quad \bar{p}_0 > 0, \qquad |\bar{e}_0| = 1. \tag{10}$$

Ist $p(s)$, $e(s)$ eine Lösung von (8), (9), (10) in einer Umgebung von s_0, so ist

$$r(s) = \bar{r}_0 + \int_{s_0}^{s} f(p(s))\, e(s)\, \mathrm{d}s$$

die Lösung des Anfangswertproblems (1), (2), (7).

Wir untersuchen die glatte Approximation von Lösungen des Anfangswertproblems (8), (9), (10).

Es sei

$$e_0(s) \quad \text{mit} \quad |e_0(s)| = 1, \qquad p_0(s) > 0 \tag{11}$$

eine beliebig vorgegebene stetige Anfangsnäherung unserer gesuchten Lösung $e(s)$, $p(s)$. Dann definieren wir

$$\varphi(e_n, p_n) = \bar{p}_0 \bar{e}_0 + \int_{s_0}^{s} K(s, e_n(s), p_n(s))\, \mathrm{d}s$$

und bestimmen die nächste Näherung nach der Vorschrift

$$e_{n+1} = \varphi(e_n, p_n)/|\varphi(e_n, p_n)|, \qquad p_{n+1} = |\varphi(e_n, p_n)|. \tag{12}$$

Wir bemerken, daß bei $|\varphi(e_n, p_n)| \neq 0$ gilt $e_{n+1}(s_0) = \bar{e}_0$, $p_{n+1}(s_0) = \bar{p}_0$, $|e_{n+1}(s)| = 1$, $p_{n+1}(s) > 0$.

Sei nun $a > 0$ fest gewählt. Durch (12) wird ein Operator T definiert, der jedem

$$X = (\tilde{e}^{\mathsf{T}}(s), \tilde{p}(s))^{\mathsf{T}} \in C_0[s_0 - a, s_0 + a] \text{ mit } |\tilde{e}(s)| = 1, \qquad \tilde{p}(s) > 0$$

ein eindeutig bestimmtes

$$\bar{X} = (\bar{e}^{\mathsf{T}}(s), \bar{p}(s))^{\mathsf{T}} \in C_0[s_0 - a, s_0 + a] \quad \text{mit} \quad |\bar{e}(s)| = 1, \qquad \bar{p}(s) > 0$$

zuordnet, falls nur $|\varphi(\tilde{e}(s), \tilde{p}(s))| \neq 0$ für $s \in [s_0 - a, s_0 + a]$ gilt. Genau die Fixpunkte $X^* = (e^{\mathsf{T}}(s), p(s))^{\mathsf{T}}$ von T mit $p(s) > 0$ sind die Lösungen von (8), (9), (10) mit $p(s) > 0$. $C_0[s_0 - a, s_0 + a]$ versehen wir mit der Norm

$$\|X\| = \operatorname{Max} |X(s)| \quad \text{für} \quad s \in [s_0 - a, s_0 + a].$$

Mit der Anfangsnäherung $X_0 = (e_0^T(s), p_0(s))^T$ gemäß (11) entsteht eine Folge $\{X_\nu\}$ mit $X_{\nu+1} = T(X_\nu)$, die wir auf Konvergenz gegen einen Fixpunkt X^* von T untersuchen.

Satz 1: *Sei* $K(s, X)$ *bei* $X = (e^T, p)^T$ *für alle* $s \in [s_0 - a, s_0 + a]$ *sowie* $|e| = 1$, $p \geqq 0$ *stetig. Für* $|e| = 1$, $0 \leqq p \leqq M$ *gelte*

$$|K(s, X) - K(s, Y)| \leqq L_M|X - Y| .$$

Gibt es ein $K > 0$ *so, daß* $K \leqq |\varphi(X_\nu)| \leqq M$, $K \leqq p_0(s) \leqq M$ *für alle* ν *und alle* $s \in [s_0 - a, s_0 + a]$ *ist, so gilt:*

a) *Die Folge* $\{X_\nu\}$ *konvergiert gegen eine Lösung* X^* *von* (8), (9), (10) *mit* $K \leqq p(s) \leqq M$.

b) X *ist die einzige Lösung von* (8), (9), (10).

c) *Es gilt die Fehlerabschätzung*

$$||X_n - X^*|| \leqq ||X_0 - X^*||.(K_1 a)^n/n!$$

bei $K_1 = L_M(1 + 4/K^2)^{1/2}$.

Beim Beweis bezeichnen wir

$$A = \{X = (e^T(s), p(s))^T \in C_0[s_0 - a, s_0 + a]: |e(s)| = 1, K \leqq p(s) \leqq M\} .$$

Sind X, $T(X)$, Y, $T(Y)$ alle aus A, so ist

$$T(X) - T(Y) = \left(\frac{\varphi^T(X)}{|\varphi(X)|} - \frac{\varphi^T(Y)}{|\varphi(Y)|}, \qquad |\varphi(X)| - |\varphi(Y)|\right)^T$$

wohldefiniert. Unter Ausnutzung der Lipschitzbedingung ergibt sich

$$|T(X) - T(Y)| \leqq K_1 \left| \int_{s_0}^{s} |X - Y| \, ds \right| .$$

Sind X, $T(X)$, ..., $T^n(X)$ sowie Y, $T(Y)$, ..., $T^n(Y)$ alle aus A, so ist

$$|T^n(X) - T^n(Y)| \leqq K_1^n \left| \int_{s_0}^{s} \cdots \int_{s_0}^{s} |X - Y| (ds)^n \right| \leqq ||X - Y|| K_1^n |s - s_0|^n/n! \leqq ||X - Y|| (K_1 a)^n/n! \quad (13)$$

analog zur Abschätzung bei der Lösung von Volterraschen Integralgleichungen mittels sukzessiver Approximation. Voraussetzungsgemäß ist $X_\nu \in A$ für alle ν, woraus bei Ausnutzung von (13)

$$|X_{\nu+1} - X_\nu| \leqq ||X_1 - X_0|| (K_1 a)^\nu/\nu!$$

folgt und damit die Konvergenz der X_ν gegen einen Fixpunkt X^* von T.

Existiert noch ein zweiter Fixpunkt Y^*, so erhält man aus (13) $X^* = Y^*$, indem man dort für X nun X^* und für Y nun Y^* setzt.

Die Fehlerabschätzung ergibt sich, wenn man in (13) X_n für X und X^* für Y setzt.

Weitere Resultate:

1. *Ist* $\bar{p}_0 > 0$, *so kann man bei beliebiger stetiger Anfangsnäherung* $X_0 = (e_0^T(s), p_0(s))^T$ *mit* $|e_0(s)| = 1$, $p_0(s) > 0$ *für* $s \in [s_0 - a, s_0 + a]$ *bei hinreichend kleinem* a *stets die Konvergenz von* $\{X_\nu\}$ *gegen die eindeutig bestimmte Lösung* X^* *sichern.*

Wir wählen X_0, $\bar{a} > 0$ zunächst beliebig und $K_0 > 0$, $M_0 > 0$ in der Weise, daß $0 < K := \bar{p}_0 - K_0 \leqq p_0(s) \leqq \bar{p}_0 + M_0 =: M$ für $s \in [s_0 - \bar{a}, s_0 + \bar{a}]$ gilt und bestimmen $N_M = \sup |K(s, e, p)|$ (gebildet über $s \in [s_0 - \bar{a}, s_0 + \bar{a}]$, alle e mit $|e| = 1$ sowie alle p mit $0 \leqq p \leqq M$). Gegebenenfalls verringern wir dann $\bar{a}$ auf ein a mit $a \leqq \operatorname{Min} \{\bar{a}, M_0/N_M, K_0/N_M\}$.

Wegen

$$p_1(s)\, e_1(s) = \bar{p}_0 \bar{e}_0 + \int_{s_0}^{s} K(s, e_0(s), p_0(s))\, ds ,$$

ergibt sich sofort

$$|p_1(s) - \bar{p}_0| \leqq N_M |s - s_0| \leqq N_M a \leqq \operatorname{Min} \{M_0, K_0\} .$$

Es sei nun bereits

$$|p_n(s) - \bar{p}_0| \leqq \operatorname{Min} \{M_0, K_0\}$$

bewiesen. Aus

$$p_{n+1}(s)\, e_{n+1}(s) = \bar{p}_0 \bar{e}_0 + \int_{s_0}^{s} K(s, e_n(s), p_n(s))\, ds ,$$

ergibt sich dann auch

$$|p_{n+1}(s) - \bar{p}_0| \leqq \operatorname{Min} \{M_0, K_0\} ,$$

also $0 < K \leqq |\varphi(X_\nu)| \leqq M$.

2. *Wählen wir mit den Bezeichnungen von Punkt* 1 *ein beliebiges* $a > 0$ *mit*

$$a \leqq \operatorname{Min} \{\bar{a}, M_0/N_M, K_0/N_M\}$$

und A *wie in der Beweisskizze zu Satz* 1, *so ist* A *abgeschlossen,* T *bildet* A *in sich ab, und es gibt eine natürliche Zahl* n *so, daß*

$$||T^n(X) - T^n(Y)|| \leqq q||X - Y||$$

für alle X, $Y \in A$ *und festes* q *mit* $0 \leqq q < 1$ *gilt.*

Damit sind die Voraussetzungen des verallgemeinerten Fixpunktsatzes von Banach erfüllt, und es ist die Existenz eines eindeutigen Fixpunktes von T gesichert, ohne Satz 1 zu benutzen.

3. *$K(s, pe/|pe|, |pe|)$ ist stetig auf der offenen (s, pe)-Menge E, die durch $|pe| \neq 0$ definiert ist. Nach bekannten Sätzen kann pe als Lösung von*

$$\frac{\mathrm{d}}{\mathrm{d}s}(pe) = K(s, pe/|pe|, |pe|)$$

auf ein maximales Existenzintervall (eindeutig) fortgesetzt werden. Ist (w_-, w_+) dieses maximale Existenzintervall, so geht $(s, p(s)\, e(s))$ gegen den Rand von E, wenn s gegen w_- bzw. w_+ geht. Für s gegen w_- bzw. w_+ geht $|pe|$ demnach gegen 0 bzw. $+\infty$.

Ist $w_+ < +\infty$ (analog: $w_- > -\infty$), so strebt $|pe|$ gegen Null für s gegen w_+ in den folgenden praktisch wichtigen Fällen:

a) undehnbarer Faden mit $K(s, e, p) \equiv K(s, e)$ und $|K(s, e)| \leqq K_2 < +\infty$ für alle s und e mit $|e| = 1$. Hier gilt:

$$||pe| - |\bar{p}_0\bar{e}_0|| \leqq |\int_{s_0}^{s} K(s, pe/|pe|)\, \mathrm{d}s| \leqq K_2|s - s_0| ,$$

also

$$|pe| \leqq |\bar{p}_0\bar{e}_0| + K_2|s - s_0| .$$

b) dehnbarer Faden mit $|K(s, e, 0)| \leqq K_2 < +\infty$, $\left|\frac{\partial K}{\partial p}\right| \leqq K_3 < +\infty$, $K_3 > 0$ für alle s, $p \geqq 0$, e mit $|e| = 1$. Hier gilt für $s \geqq s_0$:

$$||pe| - |\bar{p}_0\bar{e}_0|| \leqq |pe - \bar{p}_0\bar{e}_0| = |\int_{s_0}^{s} K(s, pe/|pe|, |pe|)\, \mathrm{d}s| \leqq$$

$$\leqq \int_{s_0}^{s} (K_2 + K_3\, |pe|)\, \mathrm{d}s = \int_{s_0}^{s} K_3(K_2/K_3 + |pe|)\, \mathrm{d}s ,$$

also

$$K_2/K_3 + |pe| \leqq (K_2/K_3 + |\bar{p}_0\bar{e}_0|) + \int_{s_0}^{s} K_3(K_2/K_3 + |pe|)\, \mathrm{d}s$$

und damit nach der Gronwallschen Ungleichung

$$|pe| \leqq (K_2/K_3 + |\bar{p}_0\bar{e}_0|) \exp\,(K_3(s - s_0)) - K_2/K_3 .$$

In diesen Fällen kann eine Lösung von (8), (9) also entweder beliebig weit fortgesetzt werden oder so lange, bis die Fadenzugkraft p verschwindet.

Die in den Beispielen 1 und 2 beobachteten Eigenschaften dieser Art sind also typisch für Fäden.

4. Diskretisierung der Fadengleichungen

Eine naheliegende Diskretisierung des Anfangswertproblems (8), (9), (10) über dem Intervall $[s_0, s_0 + a]$ bei $a > 0$ entsteht, wenn man das Intervall in n äquidistante Teilintervalle der Länge l teilt ($nl = a$), die Differentialgleichung (8) durch eine äquivalente Integralgleichung ersetzt und das Integral mit Hilfe der Trapezregel approximiert. So entsteht das *diskrete Anfangswertproblem*

$$-p_ie_i + p_{i+1}e_{i+1} = \frac{l}{2}(K(s_i, e_i, p_i) + K(s_{i+1}, e_{i+1}, p_{i+1})) , \tag{14}$$

$$|e_{i+1}| = 1 , \quad p_{i+1} > 0 , \quad i = 0, 1, \ldots, n-1 , \quad \text{bei gegebenem} \tag{15}$$

$$e_0 \text{ mit } |e_0| = 1 \text{ und } p_0 \text{ mit } p_0 > 0 . \tag{16}$$

Dabei ist $s_i = s_0 + il$, $i = 0, 1, \ldots, n$. Die p_i, e_i sind Näherungen für $p(s_i)$, $e(s_i)$.

Hängt $K(s, e, p)$ tatsächlich nicht von p ab (undehnbarer Faden), so gibt LEITZKE [5] eine technische Interpretation des Systems (14), (15), (16). Danach geben p_i, e_i die exakten Werte für Zugkraft und Richtung des Stabes i in einer Stabkette an, bestehend aus n starren Stäben der Länge l, wobei die äußeren Belastungen nur auf die Knoten wirken. Allgemeiner kann man im Fall des undehnbaren Fadens die Lösungen e_i, p_i interpretieren als Richtung bzw. mittlere Zugkraft (gleich Zugkraft in der Stabmitte) des Stabes i einer solchen Stabkette, wenn die äußeren Belastungen gleichmäßig auf den Stab i verteilt wirken.

5. Lösung des diskreten Anfangswertproblems

Üblicherweise löst man die Gleichungen (14), (15), (16) zunächst für $i = 0$, dann für $i = 1$ usw., also schrittweise. Im Unterschied dazu wählt LEITZKE bei der Berechnung eines Beispiels in [5] ein anderes Herangehen, das ein diskretes Analogon zu (11), (12) darstellt. Nach Vorgabe einer Anfangsnäherung für e_i, p_i in allen Stützstellen werden neue Näherungen für e_i, p_i in allen Gitterpunkten gleichzeitig berechnet. Da der Rechenzeitaufwand bei der

Anwendung dieses zweiten Verfahrens höher ist, werden wir die weiteren Untersuchungen dem schrittweisen Herangehen widmen. Wir bemerken lediglich noch, daß zu Satz 2 und den weiteren Ergebnissen ähnliche Aussagen auch für das „simultane" Verfahren gelten.

Gesucht wird eine Lösung $X_1^* = (e_1^T, p_1)^T$ von

$$p_1 e_1 = p_0 e_0 + \frac{l}{2} (K(s_0, e_0, p_0) + K(s_1, e_1, p_1)) , \tag{17}$$

$$|e_1| = 1 , \qquad p_1 > 0 \quad \text{bei bekanntem} \tag{18}$$

$$e_0 \text{ mit } |e_0| = 1 \text{ und } p_0 \text{ mit } p_0 > 0 . \tag{19}$$

Es sei analog zu (11) $X_1^0 = (e_1^{0T}, p_1^0)^T$ mit $|e_1^0| = 1$, $p_1^0 > 0$, eine beliebige Anfangsnäherung. Dann definieren wir

$$\varphi(e_1^\nu, p_1^\nu) = p_0 e_0 + \frac{l}{2} (K(s_0, e_0, p_0) + K(s_1, e_1^\nu, p_1^\nu)) \tag{20}$$

und bestimmen die nächste Näherung $X_1^{\nu+1}$ nach der Vorschrift

$$e_1^{\nu+1} = \varphi(e_1^\nu, p_1^\nu)/|\varphi(e_1^\nu, p_1^\nu)| , \qquad p_1^{\nu+1} = |\varphi(e_1^\nu, p_1^\nu)| , \tag{21}$$

alls nur $|\varphi(e_1^\nu, p_1^\nu)| \neq 0$ gilt.

Durch (21) wird ein Operator T definiert, dessen Fixpunkte $X_1^* = (e_1^T, p_1)^T$ mit $p_1 > 0$ gerade die Lösungen von (17), (18), (19) sind.

Mit der Anfangsnäherung X_1^0 entsteht eine Folge $\{X_1^\nu\}$, die wir auf Konvergenz gegen einen Fixpunkt X_1^* von T untersuchen. Zur Abkürzung setzen wir wieder $K_1 = L_M(1 + 4/K^2)^{1/2}$.

Satz 2: *Sei $K(s, X)$ bei $X = (e^T, p)^T$ für alle $s \in [s_0, s_0 + a]$, $a > 0$ sowie $|e| = 1$, $p \geqq 0$ stetig. Für $|e| = 1$, $0 \leqq p \leqq M$, gelte*

$$|K(s, X) - K(s, Y)| \leqq L_M |X - Y| .$$

Gibt es ein $K > 0$ so, daß $K \leqq p_1^\nu \leqq M$, $K \leqq p_0 \leqq M$, $\nu = 0, 1, \ldots$, gilt bei $K_1 l/2 < 1$, so gilt:

a) *Die Folge $\{X_1^\nu\}$ konvergiert gegen eine Lösung $X_1^* = (e_1^T, p_1)^T$ von* (17), (18), (19) *mit $K \leqq p_1 \leqq M$.*

b) *X_1^* ist die einzige Lösung von* (17), (18), (19) *mit $K \leqq p_1 \leqq M$.*

c) *Es gilt die Fehlerabschätzung*

$$|X_1^\nu - X_1^*| \leqq |X_1^0 - X_1^*| \, (K_1 l/2)^\nu .$$

Der Beweis verläuft weitgehend analog zum Beweis von Satz 1. Wir bezeichnen hier nun

$$A = \{X = (\bar{e}_1^T, \bar{p}_1)^T : |\bar{e}_1| = 1, K \leqq \bar{p}_1 \leqq M\} .$$

Sind X, $T(X)$, Y, $T(Y)$ alle aus A, so ergibt sich unter Ausnutzung der Lipschitzbedingung

$$|T(X) - T(Y)| \leqq |X - Y| \, (K_1 l/2) .$$

Sind X, $T(X), \ldots, T^\nu(X)$ sowie Y, $T(Y), \ldots, T^\nu(Y)$ alle aus A, so ist

$$|T^\nu(X) - T^\nu(Y)| \leqq |X - Y| \, (K_1 l/2)^\nu .$$

Die Anwendung dieser Abschätzung auf die Folge $\{X_1^\nu\}$ ergibt Satz 2.

Weitere Resultate

1. *Ist $X_i = (e_i^T, p_i)^T$ als Lösung der i-ten Gleichung von* (14), (15) *bekannt, so erlaubt Satz 2 Aussagen über die Lösung $X_{i+1} = (e_{i+1}^T, p_{i+1})^T$ der $(i + 1)$-ten Gleichung, wenn wir nur statt $X_0 = (e_0^T, p_0^T)$ überall X_i, statt X_1 nun X_{i+1}, statt T jetzt T_i setzen.*

Sind X_{i+1}^0 die zur Berechnung von X_{i+1} verwendeten Anfangsnäherungen mit $0 < K := p_0 - K_0 \leqq p_{i+1}^0 \leqq$ $\leqq p_0 + M_0 =: M$ bei $K_0 > 0$, $M_0 > 0$, $i = 0, \ldots, n - 1$, so läßt sich für hinreichend kleines a stets die Konvergenz aller $\{X_{i+1}^\nu\}$ gegen die Lösungen X_{i+1} im Sinne von Satz 2 sichern.

Dazu wählen wir $\bar{a} > 0$ zunächst beliebig und bestimmen dann $N_M = \sup |K(s, e, p)|$ (gebildet über $s \in$ $\in [s_0, s_0 + a]$, $|e| = 1$, p mit $0 \leqq p \leqq M$). Wie früher verringern wir gegebenenfalls $\bar{a}$ auf ein $a > 0$ mit

$$a \leqq \text{Min} \{\bar{a}, M_0/N_M, K_0/N_M\} . \tag{22}$$

Wegen

$$p_1^1 e_1^1 = p_0 e_0 + \frac{l}{2} (K(s_0, e_0, p_0) + K(s_1, e_1^0, p_1^0))$$

folgt

$$|p_1^1 - p_0| \leqq l N_M \leqq a N_M \leqq \text{Min} \{M_0, K_0\} .$$

Also gilt auch $K \leqq p_1^1 \leqq M$. Mit dem gleichen Argument ergibt sich $|p_1^\nu - p_0| \leqq l N_M$, $\nu = 1, 2, \ldots$, also $K \leqq p_1^\nu \leqq M$ für $\nu = 0, 1, \ldots$

Wählen wir nun noch a so, daß

$$a < 2n/K_1 \tag{23}$$

erfüllt ist (also $K_1 l/2 < 1$), so sind die Voraussetzungen von Satz 2 für die Folge $\{X_1^\nu\}$ erfüllt. Speziell ist $|p_1 - p_0| \leqq l N_M$.

Angenommen, bei Erfüllung von (22) und (23) seien für $\{X_1^\nu\}, \{X_2^\nu\}, \ldots, \{X_m^\nu\}$, $1 \leqq m \leqq n - 1$, die Voraussetzungen von Satz 2 erfüllt und $|p_m - p_0| \leqq m l N_M$ bewiesen. Dann folgt nach Wiederholung des obigen Arguments auch $|p_{m+1}^\nu - p_m| \leqq l N_M$, damit

$$|p_{m+1}^\nu - p_0| \leqq (m + 1) \, l N_M \leqq a N_M \leqq \text{Min} \{M_0, K_0\} , \qquad \nu = 1, 2, \ldots 3$$

also $K \leqq p_{m+1}^\nu \leqq M$ für $\nu = 0, 1, \ldots$ und ebenfalls $|p_{m+1} - p_0| \leqq (m + 1) \, l N_M$.

Die Bedingungen (22) und (23) sind also hinreichend dafür, daß das schrittweise Verfahren in n aufeinanderfolgenden Schritten konvergiert. Die Bedingung (22) ist mit der entsprechenden bei glatter Approximation identisch. Lediglich die Schrittweitenbedingung (23) tritt infolge der Diskretisierung zusätzlich auf.

2. *Wählen wir mit den Bezeichnungen von Punkt 1 ein beliebiges* $a > 0$ *mit* (22) *und* (23), *weiter* A *wie in der Beweisskizze zu Satz 2, so sind wegen* $|p_i - p_0| \leqq ilN_M \leqq \text{Min}\,\{M_0, K_0\}\; i/n$ *für* A *und* T_i, $i = 0, 1, \ldots, n-1$, *die Voraussetzungen des Fixpunktsatzes von Banach erfüllt. Damit ergeben sich* a), b), c) *unter den Bedingungen* (22), (23) *auch, ohne Satz 2 zu benutzen.*

3. *Fordern wir mit den Bezeichnungen von Punkt 1 nur*

$$a \leqq \text{Min}\,\{\bar{a}, K_0/N_M\}\,,$$

so können wir bereits eine Schrankeneigenschaft von K *ableiten: Ist für eine Folge von Lösungen in* m *aufeinanderfolgenden Schritten* $(0 \leqq m < n)$ *gewährleistet, daß* $K \leqq p_j \leqq M$, $j = 0, 1, \ldots, m$, *gilt, so ist zumindest* $p_{m+1} \geqq K$ *für jede Lösung der folgenden Gleichung* ($p_{m+1} > M$ *ist noch möglich*).

Zum Beweis erhalten wir wie in Punkt 1 zunächst $|p_i - p_{i-1}| \leqq lN_M$, $i = 1, \ldots, m$, also $|p_m - p_0| \leqq aN_M m/n \leqq K_0 m/n$. Wäre nun $0 \leqq p_{m+1} < K$, so würde sich $|p_{m+1} - p_m| \leqq lN_M$, also auch $|p_{m+1} - p_0| \leqq K_0(m+1)/n \leqq K_0$ ergeben (Widerspruch). Insbesondere ist $p_1 \geqq K$, falls nur $a = \text{Min}\,\{\bar{a}, K_0/N_M\}$ erfüllt ist.

4. *Ist* $\partial K/\partial p$ *für* $s \in [s_0, s_0 + a]$ *und beliebige* $p \geqq 0$, $|e| = 1$, *beschränkt, also* $|\partial K/\partial p| \leqq Q$, *so kann man Bedingungen an* a *und* l *in der Weise herleiten, daß* $K \leqq p_i \leqq M$, $i = 1, \ldots, n$, *für jede Lösung des diskreten Anfangswertproblems gilt. Solche Bedingungen sind*

$$a \leqq \text{Min}\,\{\bar{a}, M_0(1 - lQ/2)/N_M, K_0/N_M\}\,, \tag{24}$$

$$Ql/2 < 1\,. \tag{25}$$

Beweis: Wegen Bedingung (24) ist gemäß Punkt 3 bereits $p_1 \geqq K$ gewährleistet. Weiter gilt

$$|p_1 - p_0| \leqq |p_1 e_1 - p_0 e_0| = \frac{l}{2}\,|K(s_0, e_0, p_0) + K(s_1, e_1, p_1)| =$$

$$= \frac{l}{2}\,|[K(s_0, e_0, p_0) + K(s_1, e_1, p_0)] + [K(s_1, e_1, p_1) - K(s_1, e_1, p_0)]| \leqq lN_M + |p_1 - p_0|\, lQ/2\,,$$

also wegen (25) auch

$$|p_1 - p_0| \leqq aN_M/n(1 - Ql/2) \leqq M_0/n\,.$$

Damit ist $K \leqq p_1 \leqq M$ für jede Lösung der ersten Gleichung erfüllt. Also gilt sogar

$$|p_1 - p_0| \leqq aN_M/n \leqq \text{Min}\,\{M_0(1 - Ql/2), K_0\}/n\,.$$

Es sei nun für $i = 1, 2, \ldots, m$ $(m < n)$ bereits

$$|p_i - p_0| \leqq aN_M i/n$$

bewiesen.

Gemäß Punkt 3 gilt für jede Lösung der $(m+1)$-ten Gleichung dann $p_{m+1} \geqq K$. Die Wiederholung des vorigen Arguments ergibt

$$|p_{m+1} - p_m| \leqq lN_M + |p_{m+1} - p_m|\, Ql/2\,,$$

also

$$|p_{m+1} - p_m| \leqq lN_M/(1 - Ql/2)$$

und damit

$$|p_{m+1} - p_0| \leqq aN_M/n(1 - Ql/2) + aN_M m/n \leqq M_0(m+1)/n \leqq M_0\,.$$

Aus $K \leqq p_{m+1} \leqq M$ folgt aber schärfer

$$|p_{m+1} - p_m| \leqq aN_M/n$$

und damit

$$|p_{m+1} - p_0| \leqq aN_M(m+1)/n\,.$$

Also gilt für $i = 1, \ldots, n$

$$|p_i - p_0| \leqq aN_M i/n \leqq aN_M \leqq \text{Min}\,\{M_0(1 - Ql/2), K_0\}\,.$$

5. *Aus den Bedingungen von Punkt 4 ergeben sich im Falle von* $|\partial K/\partial p| \leqq Q$ *sofort Existenz- und Eindeutigkeitsaussagen. Wählen wir*

$$a \leqq \text{Min}\,\{\bar{a}, M_0(1 - Ql/2)/N_M, K_0/N_M\}\,, \tag{26}$$

$$Ql/2 < 1\,, \qquad K_1 l/2 < 1\,, \tag{27}$$

so gilt wegen Punkt 4 für jede Lösung des diskreten Anfangswertproblems $K \leqq p_i \leqq M$ *für* $i = 1, \ldots, n$. *Andererseits sind bei beliebigen Anfangsnäherungen* $X_1^0, \ldots, X_n^0$ *mit* $K \leqq p_i^0 \leqq M$ *die hinreichenden Bedingungen gemäß Punkt 1 erfüllt. Unter den Bedingungen* (26) *und* (27) *liefert unser Verfahren demnach die eindeutig bestimmte Lösung des diskreten Anfangswertproblems.*

Ist $Q = 0$, d. h., hängt $K(s, e, p)$ nicht von p ab (undehnbarer Faden), so reduzieren sich die hinreichenden Bedingungen (26), (27) zur eindeutigen Lösbarkeit auf die Bedingungen (22), (23) von Punkt 1.

6. *Ist* $|\partial K/\partial p| \leqq Q$, was in den praktisch wichtigen Fällen stets der Fall ist, *und wählt man z. B.* $p_{i+1}^0 = p_i$ *für die Anfangsnäherung* X_{i+1}^0 *bei der Lösung der i-ten Gleichung des diskreten Anfangswertproblems* (14), (15), *so konvergiert das Verfahren* (20), (21) *bei nicht zu großen a und l gegen die eindeutig bestimmte Lösung* (siehe 5).

Im Fall des undehnbaren Fadens ($Q = 0$) beschreibt die exakte Lösung des diskreten Problems exakt das Verhalten einer Stabkette, bestehend aus starren Stäben der Länge l.

In der Regel wird man bei der schrittweisen Lösung von (14), (15), (16) jedoch nur verhältnismäßig wenige Iterationen (20), (21) zur Gewinnung von Näherungslösungen $\bar{e}_{i+1}$, $\bar{p}_{i+1}$, $i = 0, \ldots, n-1$, ausführen.

Wählt man dabei die spezielle Anfangsnäherung

$$p_{i+1}^0 e_{i+1}^0 = \bar{p}_i \bar{e}_i + lK(s_i, \bar{e}_i, \bar{p}_i)$$

und führt lediglich eine einzige Iteration (20), (21) aus,

$$\bar{p}_{i+1}\bar{e}_{i+1} = \bar{p}_i \bar{e}_i + \frac{l}{2} \left(K(s_i, \bar{e}_i, \bar{p}_i) + K(s_{i+1}, \bar{e}_{i+1}^0, p_{i+1}^0)\right),$$

so erhält man das Verfahren von Euler-Heun und kann nach der Theorie eine quadratische Konvergenz von $\overline{pe}$ gegen pe (dabei ist e, p die Lösung des Anfangswertproblems (8), (9), (10)) für l gegen Null erwarten.

Literatur

1 STENGEL, H., FRIDMAN, A. L., Fischfanggeräte, Verlag Technik, Berlin 1977.
2 KAMKE, E., Differentialgleichungen I, Akad. Verlagsgesellschaft Geest und Portig, Leipzig 1964.
3 ZEIDLER, E., Vorlesungen über nichtlineare Funktionalanalysis I, B. G. Teubner, Leipzig 1976.
4 HARTMAN, P., Ordinary Differential Equations, Baltimore 1973.
5 LEITZKE, H., Netze, Leinen und Leinensysteme als Zugsysteme, erscheint demnächst.
6 GRIGORIEFF, R. D., Numerik gewöhnlicher Differentialgleichungen 1, B. G. Teubner, Stuttgart 1972.
7 KIESEWETTER, H.; MAESS, G., Elementare Methoden der numerischen Mathematik, Akademie-Verlag, Berlin 1974.

Eingereicht am 15. 5. 1981

Anschrift: Dr. rer. nat. WOLFGANG HACKMANN, Sektion Mathematik d. Wilhelm-Pieck-Universität Rostock, DDR-2500 Rostock Universitätsplatz 1

ZAMM 62, 201 – 205 (1982)

L. KOHAUPT

Konvergenzordnung bei Jacobi-ähnlichen Verfahren

Es wird die Konvergenzordnung für die Eigenwertnäherungen sowie für die Öffnung zwischen gewissen algebraischen Eigenräumen bei einer Klasse von Verfahren abgeschätzt, die dem Jacobischen Verfahren ähnlich sind.

The rate of convergence for the approximation of eigenvalues and certain algebraic eigenspaces is estimated for a class of Jacobi-like methods.

Оценывается быстрота сходимости для приблизительных собственных значений и для некоторых инвариантных подпространств состоящих из собственных и присоединенных векторов у методов подобных тому Якоби.

1. Einleitung

Der Satz von I. SCHUR besagt: *Zu jeder komplexen Matrix A gibt es eine unitäre Matrix U derart, daß $U^{-1}AU$ eine obere Dreiecksmatrix darstellt.* Aufgrund dieses Satzes ist man zu der Annahme berechtigt, daß eine gegebene Matrix durch eine Folge von Ähnlichkeitstransformationen mit Hilfe unitärer Drehungen in eine Dreiecksmatrix umgeformt werden kann.

In dieser Arbeit wird für eine Klasse von Näherungsverfahren, die auf Ähnlichkeitstransformationen beruhen, die Konvergenzordnung der Eigenwertnäherungen und der Öffnung zwischen gewissen algebraischen Eigenräumen abgeschätzt, falls die Voraussetzung (V) erfüllt ist. Wichtiges Hilfsmittel in der Beweisführung ist hierbei die Laurententwicklung der Resolvente in der Umgebung eines Eigenwertes. Die Laurententwicklung wird z. B. in [4], [5] dargestellt.

2. Definition des Verfahrens und Voraussetzung

Zu einer beliebigen $n \times n$-Matrix $A = (a_{jk})$ sei ein allgemeines Näherungsverfahren durch die Folge von Matrizen $(A_\iota)_{\iota=0,1,2,\dots}$ mit $A_\iota = (a_{jk}^{(\iota)})$, $\iota = 0, 1, 2, \dots$, und

$$A_{\iota+1} = T_\iota^{-1} A_\iota T_\iota\,, \qquad \iota = 0, 1, 2, \dots, \tag{1}$$

definiert; dabei sei $A_0 := A$ und $(T_\iota)_{\iota=0,1,2,\dots}$ eine Folge beliebiger regulärer Transformationen. Setzt man

$$Y_0 := I\,, \qquad Y_{\iota+1} = Y_\iota T_\iota\,, \qquad \iota = 0, 1, 2, \dots, \tag{2}$$

so kann man (1) auch in der Form

$$A_{\iota+1} = Y_\iota^{-1} A Y_\iota\,, \qquad \iota = 1, 2, 3, \dots, \tag{3}$$

schreiben. Für die folgenden Betrachtungen wird vorausgesetzt, daß die Matrixfolge $(A_\iota)_{\iota\in\Lambda}$ für eine Teilfolge $\Lambda \subseteq \mathbb{N}_0 = \{0, 1, 2, \dots\}$ gegen eine obere Dreiecksmatrix konvergiert.

Es sei

$$A_\iota = L_\iota + R_\iota\,, \qquad \iota = 0, 1, 2, \dots, \tag{4}$$

mit

$$L_\iota := \begin{pmatrix} 0 & & & \\ a_{21}^{(\iota)} & \ddots & & \\ \vdots & & \ddots & \\ a_{n1}^{(\iota)} & \dots & a_{n,n-1}^{(\iota)} & 0 \end{pmatrix}, \qquad R_\iota := \begin{pmatrix} a_{11}^{(\iota)} & a_{12}^{(\iota)} & \dots & a_{1n}^{(\iota)} \\ & \ddots & & \vdots \\ & & \ddots & \vdots \\ & & & a_{nn}^{(\iota)} \end{pmatrix} \tag{5}$$

eine Aufspaltung von A_ι in eine Summe aus linker unterer und rechter oberer Dreiecksmatrix. Ferner sei mit $\|\cdot\|$ eine Matrizennorm und eine zugehörige verträgliche Vektornorm bezeichnet, d. h. es gelte $\|Bx\| \leqq \|B\| \cdot \|x\|$ für alle $n \times n$-Matrizen B und alle n-Vektoren x. Die obigen Voraussetzungen lassen sich dann auch folgendermaßen formulieren:

$$\|A_\iota - A_\varkappa\| \to 0\,, \qquad \iota, \varkappa \in \Lambda\,,$$

und $\hfill$ (V)

$$\|L_\iota\| \to 0\,, \qquad \iota \in \Lambda\,.$$

Damit läßt sich folgender Satz behaupten:

Satz 1: *Unter der Voraussetzung* (V) *gilt bei geeigneter Numerierung* $\lim_{\iota\in\Lambda} a_{jj}^{(\iota)} = \lambda_j$, $j \in \{1, \dots, n\}$, *mit den Eigenwerten* λ_j *von* A, $j \in \{1, \dots, n\}$.

Beweis: Der Beweis ergibt sich aus der Beziehung

$$\{\zeta \in \mathbb{C} \mid \prod_{j=1}^{n} [(\lim_{\iota\in\Lambda} a_{jj}^{(\iota)}) - \zeta] = 0\} = \{\zeta \in \mathbb{C} \mid \det (A - \zeta) = 0\}\,.$$

3. Konvergenzordnung für die Eigenwertnäherungen und algebraischen Eigenräume

Im folgenden sei λ ein Eigenwert von A, δ eine positive Zahl und $K(\lambda, \delta) = \{\zeta \in \mathbb{C} \mid |\zeta - \lambda| < \delta\}$ ein offener Kreis um λ mit dem Radius δ. Dabei soll δ so klein sein, daß kein weiterer Eigenwert von A im Kreis $K(\lambda, 2\,\delta)$ liegt. Der Rand von $K(\lambda, \delta)$ wird mit $\Gamma = \partial K(\lambda, \delta)$ bezeichnet. Es ist also $\Gamma = \{\zeta \in \mathbb{C} \mid |\zeta - \lambda| = \delta\}$.

Damit gilt der

Hilfssatz 1: *Es sei die Voraussetzung* (V) *erfüllt und* $R_\iota(\zeta) := R_\iota - \zeta I$, $\iota \in \Lambda$, $\zeta \in \mathbb{C}$. *Dann gibt es ein Endstück* $\Lambda_1 \subseteq \Lambda$, *so daß die inversen Matrizen* $R_\iota(\zeta)^{-1}$ *für* $\iota \in \Lambda_1$, $\zeta \in \Gamma$ *existieren und der Abschätzung*

$$\|R_\iota(\zeta)^{-1}\| \leqq \left(\frac{2}{\delta}\right)^n \alpha\,, \qquad \iota \in \Lambda_1\,, \qquad \zeta \in \Gamma\,, \tag{6}$$

genügen, wobei $\alpha > 0$ *eine Zahl ist mit*

$$\|\mathrm{Adj}\; R_\iota(\zeta)^{\mathrm{T}}\| \leqq \alpha\,, \qquad \iota \in \Lambda\,, \qquad \zeta \in \Gamma\,. \tag{7}$$

Beweis: Beziehung (7) folgt aus (V). Für eine beliebige nicht-singuläre Matrix B gilt

$$B^{-1} = \frac{1}{\det B}\,(\mathrm{Adj}\; B^{\mathrm{T}})\,. \tag{8}$$

Nun gilt

$$\det R_\iota(\zeta) = \det\,(R_\iota - \zeta) = \prod_{j=1}^{n} (a_{jj}^{(\iota)} - \zeta)\,.$$

Wegen Satz 1 gibt es ein Endstück Λ_1 von Λ mit

$$|a_{jj}^{(\iota)} - \lambda_j| < \frac{\delta}{2}\,, \qquad j = 1, \dots, n\,, \qquad \iota \in \Lambda_1\,.$$

Daraus folgt

$$|a_{jj}^{(\iota)} - \zeta| \geqq |\lambda_j - \zeta| - |\lambda_j - a_{jj}^{(\iota)}| \geqq \delta - \frac{\delta}{2} = \frac{\delta}{2}\,, \qquad \iota \in \Lambda_1\,, \qquad \zeta \in \Gamma\,, \quad j = 1, \dots, n\,. \tag{9}$$

Damit existieren die Inversen $R_\iota(\zeta)^{-1}$, und es gilt nach (8)

$$\|R_\iota(\zeta)^{-1}\| = \frac{1}{\det R_\iota(\zeta)}\,\|\mathrm{Adj}\; R_\iota(\zeta)^{\mathrm{T}}\| \leqq \left(\frac{2}{\delta}\right)^n \alpha\,, \qquad \iota \in \Lambda_1\,, \qquad \zeta \in \Gamma\,.$$

Damit ist die Behauptung bewiesen.

Weiter gilt der

Hilfssatz 2: *Es sei die Voraussetzung* (V) *erfüllt und* $A_\iota = Y_\iota^{-1} A Y_\iota$, $A_\iota(\zeta) := A_\iota - \zeta I$, $\iota \in \mathbb{N}_0$, $\zeta \in \mathbb{C}$. *Dann gibt es ein Endstück* $\Lambda_1 \subseteq \Lambda$, *so daß die inversen Matrizen* $A_\iota(\zeta)^{-1}$, $\iota \in \Lambda_1$, $\zeta \in \Gamma$, *existieren und der Abschätzung*

$$\|A_\iota(\zeta)^{-1}\| \leqq \frac{\|R_\iota(\zeta)^{-1}\|}{1 - \|R_\iota(\zeta)^{-1}\| \cdot \|L_\iota\|} \leqq 2\,\|R_\iota(\zeta)^{-1}\| \leqq 2\left(\frac{2}{\delta}\right)^n \alpha\,, \qquad \iota \in \Lambda_1\,, \qquad \zeta \in \Gamma\,,$$

genügen.

Beweis: Zum Beweis wird Theorem 4.1-D aus TAYLOR [7] angewandt. Man ersetzt die dortigen Abbildungen A und B jeweils durch $R_\iota(\zeta)$ und $A_\iota(\zeta)$. Nun gilt

$$\|R_\iota(\zeta)^{-1}\| \cdot \|R_\iota(\zeta) - A_\iota(\zeta)\| = \|R_\iota(\zeta)^{-1}\| \cdot \|L_\iota\| < 1\,, \qquad \iota \in \Lambda_2\,, \tag{10}$$

für ein Endstück Λ_2 von Λ_1. Also existiert nach (4.1.-6) aus TAYLOR [7] die Inverse $A_\iota(\zeta)^{-1}$, und es gilt

$$\|A_\iota(\zeta)^{-1}\| \leqq \frac{\|R_\iota(\zeta)^{-1}\|}{1 - \|R_\iota(\zeta)^{-1}\| \cdot \|R_\iota(\zeta) - A_\iota(\zeta)\|}\,, \qquad \iota \in \Lambda_2\,, \qquad \zeta \in \Gamma\,. \tag{11}$$

Wegen $\|L_\iota\| \to 0$, $\iota \in \Lambda$, gibt es ein Endstück Λ_3 von Λ_2 mit

$$\|R_\iota(\zeta)^{-1}\| \cdot \|L_\iota\| \leqq \tfrac{1}{2}\,, \qquad \iota \in \Lambda_3\,. \tag{12}$$

Daraus folgt die Behauptung mit Λ_3 statt Λ_1.

Nach diesen Vorbereitungen kann nun folgender Satz bewiesen werden.

Satz 2: *Es sei die Voraussetzung* (V) *erfüllt, l eine positive ganze Zahl, λ ein Eigenwert von A der Polordnung l und* $(\lambda_\iota)_{\iota \in \Lambda}$ *eine Folge von Eigenwerten der Dreiecksmatrix* R_ι *mit* $\lambda_\iota \to \lambda$ $(\iota \in \Lambda)$. *Dann gibt es ein Endstück* Λ_1 *von* Λ, *so daß die Abschätzung*

$$|\lambda_\iota - \lambda|^l \leqq \frac{1}{2\pi} \int_\Gamma |\zeta - \lambda|^l\,|d\zeta| \cdot \left(\sup_{\zeta \in \Gamma} \|A_\iota(\zeta)^{-1}\|\right) \cdot \left(\sup_{\zeta \in \Gamma} \|R_\iota(\zeta)^{-1}\|\right) \cdot \|L_\iota\| \leqq$$

$$\leqq \delta^{l-2n+1} \cdot 2^{2n+1} \cdot \alpha^2 \cdot \|L_\iota\| \to 0\,, \qquad \iota \in \Lambda_1\,,$$

gilt. Insbesondere folgt mit dem Landau-Symbol „O" die Beziehung

$$|\lambda_\iota - \lambda|^l = O(\|L_\iota\|) \to 0\,, \qquad \iota \in \Lambda_1\,.$$

Beweis: Es sei

$$N_\iota^r := N(R_\iota - \lambda_\iota I)$$

der Nullraum von R_ι zum Eigenwert λ_ι, $\iota \in \Lambda$. Wegen $\lambda_\iota \to \lambda$, $\iota \in \Lambda$, gilt

$$\lambda_\iota \in K(\lambda, \delta)\,, \qquad \iota \in \Lambda_1\,,$$

für ein Endstück Λ_1 von Λ. Damit existieren die folgenden Projektionsoperatoren

$$P_\iota^r := -\frac{1}{2\pi i}\int_\Gamma R_\iota(\zeta)^{-1}\,d\zeta\,, \qquad \iota \in \Lambda_1\,. \tag{13}$$

Sei

$$P_\iota^r := -\frac{1}{2\pi i}\int_\Gamma A_\iota(\zeta)^{-1}\,d\zeta\,, \qquad \iota \in \Lambda_1\,. \tag{14}$$

Wählt man als normierten Raum E den Vektorraum $\mathbb{C}^n$ mit der Norm $\|\cdot\|$ und setzt man

$$X_\iota^r := P_\iota^r E \tag{15}$$

und

$$X_\iota := P_\iota E\,, \tag{16}$$

$\iota \in \Lambda_1$, so ist X_ι^r die direkte Summe der algebraischen Eigenräume von R_ι zu den Eigenwerten, die in $K(\lambda, \delta)$ liegen; X_ι ist der algebraische Eigenraum von A_ι zum Eigenwert λ für $\iota \in \Lambda_1$. Insbesonders gilt

$$N_\iota^r \subseteq X_\iota^r\,, \qquad \iota \in \Lambda_1\,. \tag{17}$$

Es sei nun $u_\iota \in N_\iota^r$, $\iota \in \Lambda_1$. Wegen $u_\iota \in X_\iota^r$ gilt dann

$$u_\iota = P_\iota^r u_\iota\,, \qquad \iota \in \Lambda_1\,, \tag{18}$$

und daher

$$(\lambda_\iota - \lambda)^l\,u_\iota = (R_\iota - \lambda)^l\,u_\iota = (R_\iota - \lambda)^l\,P_\iota^r u_\iota\,, \qquad \iota \in \Lambda_1\,. \tag{19}$$

Wegen

$$(R_\iota - \lambda)^l\,P_\iota^r = -\frac{1}{2\pi i}\int_\Gamma (\zeta - \lambda)^l\,R_\iota(\zeta)^{-1}\,d\zeta\,, \qquad \iota \in \Lambda_1\,, \tag{20}$$

folgt

$$(\lambda_\iota - \lambda)^l\,u_\iota = -\frac{1}{2\pi i}\int_\Gamma (\zeta - \lambda)^l\,R_\iota(\zeta)^{-1}\,u_\iota\,d\zeta\,, \qquad \iota \in \Lambda_1\,. \tag{21}$$

Ferner besitzt λ nach Voraussetzung die Polordnung l. Daher ist die durch $f(\zeta) := (\zeta - \lambda)^l\,A(\zeta)^{-1}$, $\zeta \in \Gamma$, erklärte Abbildung $f : \Gamma \to E$ holomorph. Also folgt nach dem Cauchyschen Integralsatz

$$\int_\Gamma (\zeta - \lambda)^l\,A(\zeta)^{-1}\,d\zeta = 0\,. \tag{22}$$

Damit gilt wegen $A_\iota(\zeta)^{-1} = [Y_\iota^{-1} A(\zeta)\,Y_\iota]^{-1} = Y_\iota^{-1} A(\zeta)^{-1}\,Y_\iota$ erst recht

$$\int_\Gamma (\zeta - \lambda)^l\,A_\iota(\zeta)^{-1}\,d\zeta = Y_\iota^{-1}\left[\int_\Gamma (\zeta - \lambda)^l\,A(\zeta)^{-1}\,d\zeta\right]\cdot Y_\iota = 0\,. \tag{23}$$

Aus (21) und (23) folgt daher

$$(\lambda_\iota - \lambda)^l\,u_\iota = -\frac{1}{2\pi i}\int_\Gamma (\zeta - \lambda)^l\,\{R_\iota(\zeta)^{-1}\,u_\iota - A_\iota(\zeta)^{-1}\,u_\iota\}\,d\zeta\,, \qquad \iota \in \Lambda_1\,. \tag{24}$$

Sei $\|u_\iota\| = 1$, $\iota \in \Lambda_1$. Dann erhält man

$$|\lambda_\iota - \lambda|^l \le \frac{1}{2\pi}\int_\Gamma |\zeta - \lambda|^l\,|d\zeta| \cdot \sup_{\zeta \in \Gamma}\ \sup_{\substack{u_\iota \in N_\iota^r \\ \|u_\iota\| = 1}} \|R_\iota(\zeta)^{-1}\,u_\iota - A_\iota(\zeta)^{-1}\,u_\iota\|\,, \qquad \iota \in \Lambda_1\,. \tag{25}$$

Nun gilt die Beziehung

$$R_\iota(\zeta)^{-1} - A_\iota(\zeta)^{-1} = A_\iota(\zeta)^{-1}\,\{A_\iota(\zeta) - R_\iota(\zeta)\}\,R_\iota(\zeta)^{-1}\,, \qquad \iota \in \Lambda_1\,. \tag{26}$$

Dies liefert die Abschätzung

$$\left.\begin{aligned} &\|R_\iota(\zeta)^{-1}\,u_\iota - A_\iota(\zeta)^{-1}\,u_\iota\| \le \|A_\iota(\zeta)^{-1}\| \cdot \|A_\iota(\zeta) - R_\iota(\zeta)\| \cdot \|R_\iota(\zeta)^{-1}\| = \|A_\iota(\zeta)^{-1}\| \cdot \|L_\iota\| \cdot \|R_\iota(\zeta)^{-1}\|\,, \\ &\|u_\iota\| = 1\,, \qquad \iota \in \Lambda_1\,, \qquad \iota \in \Gamma\,. \end{aligned}\right\} \tag{27}$$

Zusammen mit (25) erhält man daher

$$|\lambda_\iota - \lambda|^l \leqq \frac{1}{2\pi} \int_\Gamma |\zeta - \lambda|^l \, |d\zeta| \cdot (\sup_{\zeta\in\Gamma} ||A_\iota(\zeta)^{-1}||) \cdot (\sup_{\zeta\in\Gamma} ||R_\iota(\zeta)^{-1}||) \cdot ||L_\iota|| \,, \qquad \iota \in \Lambda_1 \,.$$

Weiter gilt

$$\int_\Gamma |\zeta - \lambda|^l \cdot |d\zeta| = \delta^l \cdot \int_\Gamma |d\zeta| = \delta^l \cdot 2\pi\delta \,. \tag{28}$$

Aus den Hilfssätzen 1 und 2 und aus (28) folgt daher der letzte Teil der behaupteten Abschätzung.

Neben der Konvergenzordnung von $|\lambda_\iota - \lambda|$ läßt sich die Konvergenzordnung der Öffnung zwischen den algebraischen Eigenräumen X_ι^r und X_ι abschätzen. Die Öffnung (s. [6]) zwischen X_ι^r und X_ι ist definiert durch

$$\Theta(X_\iota^r, X_\iota) = \Theta(X_\iota, X_\iota^r) := \max \{\sup_{\substack{u_\iota \in X_\iota \\ ||u_\iota||=1}} |u_\iota, X_\iota^r| \,, \quad \sup_{\substack{u_\iota \in X_\iota^r \\ ||u_\iota||=1}} |u_\iota, X_\iota|\} \,, \qquad \iota \in \Lambda_1 \,. \tag{29}$$

Satz 3: *Für die Öffnung zwischen den algebraischen Eigenräumen X_ι^r und X_ι gilt die Abschätzung*

$$\Theta(X_\iota^r, X_\iota) \leqq \delta \cdot (\sup_{\zeta\in\Gamma} ||R_\iota(\zeta)^{-1}||) \cdot (\sup_{\zeta\in\Gamma} ||A_\iota(\zeta)^{-1}||) \cdot ||L_\iota|| \leqq \frac{2^{2n+1} \cdot \alpha^2}{\delta^{2n-1}} \cdot ||L_\iota|| \to 0 \,, \qquad \iota \in \Lambda_1 \,,$$

für ein Endstück Λ_1 von Λ. Insbesondere gilt die Beziehung

$$\Theta(X_\iota^r, X_\iota) = O(||L_\iota||) \to 0 \,, \qquad \iota \in \Lambda_1 \,.$$

Beweis: Es sei $u_\iota \in X_\iota^r$, $\iota \in \Lambda_1$, wobei Λ_1 das Endstück aus Satz 2 ist. Dann gilt

$$u_\iota - P_\iota u_\iota = P_\iota^r u_\iota - P_\iota u_\iota = -\frac{1}{2\pi i} \int_\Gamma \{R_\iota(\zeta)^{-1} - A_\iota(\zeta)^{-1}\} \, u_\iota \, d\zeta \,, \qquad \iota \in \Lambda_1 \,. \tag{30}$$

Daraus folgt mit $||u_\iota|| = 1$, $\iota \in \Lambda_1$, die Abschätzung

$$\begin{aligned} |u_\iota, X_\iota| &\leqq ||u_\iota - P_\iota u_\iota|| = ||(P_\iota^r - P_\iota) \, u_\iota|| \leqq \frac{1}{2\pi} \int_\Gamma ||R_\iota(\zeta)^{-1} - A_\iota(\zeta)^{-1}|| \cdot |d\zeta| \leqq \\ &\leqq \frac{1}{2\pi} \int_\Gamma |d\zeta| \cdot \sup_{\zeta\in\Gamma} ||R_\iota(\zeta)^{-1} - A_\iota(\zeta)^{-1}|| \,, \qquad u_\iota \in X_\iota^r \,, \quad ||u_\iota|| = 1 \,, \quad \iota \in \Lambda_1 \,. \end{aligned} \tag{31}$$

Sei $u_\iota \in X_\iota$, $\iota \in \Lambda_1$. Dann gilt

$$u_\iota - P_\iota^r u_\iota = P_\iota u_\iota - P_\iota^r u_\iota \,, \qquad \iota \in \Lambda_1 \,, \tag{32}$$

und man erhält wie oben die Beziehung

$$|u_\iota, X_\iota^r| \leqq ||(P_\iota - P_\iota^r) \, u_\iota|| \leqq \frac{1}{2\pi} \int_\Gamma |d\zeta| \cdot \sup_{\zeta\in\Gamma} ||R_\iota(\zeta)^{-1} - A_\iota(\zeta)^{-1}|| \,, \qquad u_\iota \in X_\iota \,, \quad ||u_\iota|| = 1, \quad \iota \in \Lambda_1 \tag{33}$$

Zusammen mit (32), den Hilfssätzen 1 und 2 und der Gleichung

$$\frac{1}{2\pi} \int_\Gamma |d\zeta| = \delta \,, \tag{34}$$

folgt daher die Behauptung.

4. Numerische Beispiele

Die hergeleiteten Abschätzungen lassen sich z. B. auf die QR-Methode von Francis [3] anwenden. Die Konvergenz dieses Verfahrens und der zugehörigen Varianten ist allerdings nur für diagonalisierbare Matrizen bewiesen. Dennoch scheint die Voraussetzung (V) für nicht-diagonalisierbare Matrizen numerisch gesichert zu sein. Die QR-Methode zeigt im allgemeinen schnelles Konvergenzverhalten auch bei Matrizen mit nichtlinearen Elementarteilern (wofür es auch Abschätzungen für die Konvergenzordnung gibt [9]). Deshalb wurde hier ein Beispiel mit ausgesucht schlechtem Konvergenzverhalten gewählt: Es sei $A = (a_{jh})$ die 10×10-Matrix, deren Elemente gleich Null seien bis auf

$$a_{i,i+1} = 1 \,, \quad i = 1, \dots, 9 \,, \quad a_{10,1} = -1 \,, \quad a_{10,2} = a_{10,10} = 10 \,, \quad a_{10,3} = a_{10,9} = -45 \,,$$

$$a_{10,4} = a_{10,8} = 120 \,, \quad a_{10,5} = a_{10,7} = -210, \quad a_{10,6} = 252.$$

Die Matrix A hat den 10-fachen Eigenwert 1.

Mit der doppelten QR-Methode und doppelt-genauer Rechnung ist nach 35 Schritten keine Verbesserung der Genauigkeit mehr möglich, und man erhält als Ergebnis

$$\lambda_{1,2} = (0.1037034660\,D+01,\ \pm 0.1147290100\,D-01)$$
$$\lambda_{3,4} = (0.1023868030\,D+01,\ \pm 0.3128200706\,D-01)$$
$$\lambda_{5,6} = (0.1001223300\,D+01,\ \pm 0.3993124440\,D-01)$$
$$\lambda_{7,8} = (0.9609798441\,D+00,\ \pm 0.1307815198\,D-01)$$
$$\lambda_{9,10} = (0.9768941658\,D+00,\ \pm 0.3351811040\,D-01)\,.$$

Zum Vergleich ergeben sich die Eigenwerte der 10×10-Matrix A aus [3, II] nach 17 Schritten mit der dort angegebenen Genauigkeit. Es scheint deshalb so zu sein, daß die obigen Abschätzungen mehr einen Hinweis auf die Genauigkeit als auf die Schrittzahl geben. Oder anders ausgedrückt: Die Tatsache, daß die QR-Methode auch bei nicht-linearen Elementarteilern schnell konvergiert, stellt nicht sicher, daß die berechneten Eigenwerte entsprechend genau sind.

Die Abschätzungen lassen sich weiter auf das Verfahren von EBERLEIN [1] anwenden. Dort sind auch numerische Beispiele zu finden, etwa Seite 84, Beispiel VII.

Schließlich gelten die Abschätzungen mit $l = 1$ für die Jacobischen Verfahren mit symmetrischen und hermiteschen Matrizen.

Literatur

1 EBERLEIN, P. J., A Jacobi method for the automatic computation of eigenvalues and eigenvectors of an arbitrary matrix, SIAM J. **10** (1962), 74–88.
2 FADDEJEW, D. K.; FADDEJEWA, W. N., Numerische Methoden der linearen Algebra, R. Oldenbourg. München-Wien 1976.
3 FRANCIS, J. G. F., The QR transformation. A unitary analogue to the LR transformation. I, II, Comput. J. **4** (1961), 265–271; **4** (1962), 332–345. — R.Sh.M. 1962, 10W161.
4 GRIGORIEFF, R. D., Approximation von Eigenwertproblemen und Gleichungen zweiter Art in Hilbertschen Räumen, Math. Ann. **183** (1969), 45–77.
5 KATO, T., Perturbation Theory for Linear Operators, Springer, Berlin 1966.
6 KRASNOSEL'SKIJ, M. A.; G. M. VAINIKKO et al., Approximate Solution of Operator Equations, Wolters-Noordhoff, Groningen 1969.
7 TAYLOR, A. E., Introduction to Functional Analysis, Wiley, New York 1958.
8 VESELIČ, K., A convergent Jacobi method for solving the eigenproblem of arbitrary matrices, Numer. Math. **25** (1976), 179–184.
9 WILKINSON, J. H., The Algebraic Eigenvalue Problem, Oxford 1965.

Eingereicht am 27. 5. 1980, revidierte Fassung am 20. 5. 1981

Anschrift: Dr. LUDWIG KOHAUPT, Kreuznacher Str. 6, D-7000 Stuttgart 50, BRD

KLEINE MITTEILUNGEN

ZAMM 62, 207 – 208 (1982)

J. PARIDA / K. L. ROY

An Existence Theorem for Quadratic Programs Over Cone Domains

In this paper, an existence theorem for a quadratic programming problem over polyhedral cone domains is established, using the theory of the linear complementarity problem.

1. Introduction

We consider the quadratic program over cone domains:

$$\begin{aligned} &\text{Minimize} \quad Q(x) = \tfrac{1}{2}\, x^\mathsf{T} B x + c^\mathsf{T} x\,, \\ &\text{subject to} \quad x \in X = \{x \colon x \in K,\, Ax - b \in L^*\}\,, \end{aligned} \tag{1}$$

where $B \in R^{n\times n}$, $A \in R^{m\times n}$, $c \in R^n$, $b \in R^m$, and K and L are pointed polyhedral cones, respectively, in R^n and in R^m with polar cones K^* and L^*. We study the problem of the existence of an optimal solution to (1) via the Kuhn-Tucker conditions, that is, via the linear complementarity problem.

The main result of this paper is an existence theorem, where it is shown that if, for every x and u satisfying the system

$$x \in X\,, \qquad u \in K\,, \qquad Au \in L^*\,, \qquad u^\mathsf{T} Bu \leqq 0\,,$$

we have $\langle u, \frac{1}{2}(B + B^\mathsf{T})\, x + c\rangle \geqq 0$, then (1) has an optimal solution. Many of known results on the existence of an optimal solution to (1), including the FRANK-WOLFE theorem [1], are analytically reestablished through the results presented here. We prove a strong duality theorem for the problem (1) and its dual.

2. Preliminaries

Let $\langle x, y\rangle = y^\mathsf{T} x$ denote the usual inner product of $x, y \in R^n$, the n-dimensional Euclidean space. Let R_+ and R^n_+ denote the set of nonnegative numbers and the nonnegative orthant of R^n, respectively. By e we denote any vector with all components being unity; its size follows from the context. A subset S of R^n is a polyhedral cone if there is a matrix $P \in R^{n\times k}$ such that $S = \{x \colon x = Pt,\ t \in R^k_+\}$. Then the polar cone is $S^* = \{y \colon P^\mathsf{T} y \in R^k_+\}$. It will be always assumed that the columns of P are linearly independent.

The *linear complementarity problem* over cone domains (abbreviated by the LCP) is defined as follows: Find a $z \in R^n$ such that

$$z \in S\,, \qquad Mz + q \in S^*\,, \qquad \langle z, Mz + q\rangle = 0\,, \tag{2}$$

where $M \in R^{n\times n}$, $q \in R^n$ and S is a polyhedral cone in R^n. It is well known that the Kuhn-Tucker necessary conditions for a minimum in (1) constitute a system of the form (2).

Let $d^0 \in \operatorname{int} K^*$. Consider the set

$$X(\alpha) = \{x \colon x \in K,\, Ax - b \in L^*,\, \langle x, d^0\rangle \leqq \alpha\}$$

for real $\alpha > 0$. If X is nonempty, then $X(\alpha)$ is nonempty and compact for sufficiently large α, say $\alpha_0 \leqq \alpha < \infty$. The continuous function $Q(x)$ does attain its minimum on each such compact set $X(\alpha)$. Let x^α be the minimal point of $Q(x)$ with respect to $X(\alpha)$ for $\alpha_0 \leqq \alpha < \infty$. Then there is a vector y^α and a scalar ξ^α such that $z^\alpha = [x^\alpha, y^\alpha, \xi^\alpha]^\mathsf{T}$ is a solution to the LCP with data:

$$M = \begin{bmatrix} B' & -A^\mathsf{T} & d^0 \\ A & 0 & 0 \\ -d^0 & 0 & 0 \end{bmatrix}, \quad q = \begin{bmatrix} c \\ -b \\ \alpha \end{bmatrix}, \quad S = \begin{bmatrix} K \\ L \\ R_+ \end{bmatrix},$$

$$z = \begin{bmatrix} x \\ y \\ \xi \end{bmatrix}, \qquad B' = (B + B^\mathsf{T})/2\,.$$

Let the LCP with the above data be denoted by (α, B), and let $\Omega(\alpha)$ be the set of all solutions to (α, B). It is easy to verify that for any $z = [x, y, \xi]^\mathsf{T} \in \Omega(\alpha)$, $Q(x) = \frac{1}{2}(c^\mathsf{T} x + b^\mathsf{T} y - \alpha\xi)$.

Now, consider the linear programming problem:

$$\begin{aligned} &\text{Minimize} \quad \tfrac{1}{2}(c^\mathsf{T} x + b^\mathsf{T} y - \alpha\xi)\,, \\ &\text{subject to} \quad [x, y, \xi]^\mathsf{T} \in \Omega(\alpha)\,. \end{aligned} \tag{3}$$

Clearly, z^α is an optimal solution of (3). Since the feasible set $\Omega(\alpha)$ is a convex polyhedron, there must exist an extreme point at which the optimum value is attained. Let $\bar{\Omega}(\alpha)$ be the set of all extreme point optimal solutions of (3) with respect to α for $\alpha_0 \leqq \alpha < \infty$. Define the set $\Omega = \bigcup_{\alpha \in [\alpha_0, \infty)} \bar{\Omega}(\alpha)$. We have the following:

Proposition 1: *If the set Ω is bounded, then (1) has an optimal solution.*

The following lemmas are needed for establishing the subsequent results.

Lemma 1: *Suppose that the vector q in the* LCP *is a continuous function of a variable $\alpha \in R_+$, satisfying $\langle e, q(\alpha)\rangle \to +\infty$ as $\alpha \to +\infty$. Suppose that there exist infinite sequences $\{\alpha_i\} \subset R^+$ and $\{z^i\} \subset S$ such that*

(i) *z^i is a solution of the* LCP *with $q = q(\alpha_i)$*,

(ii) $\{z^i/\alpha_i\} \to z^0 \in S$,

(iii) $\{q(\alpha_i)/\alpha_i\} \to q^0 \in R^n_+$.

Then, for all sufficiently large i, say $k \leqq i < \infty$, the following system holds:

$$Mz^i + q(\alpha_i) \in S^*\,, \qquad z^i \in S\,, \qquad \langle z^i, Mz^i + q(\alpha_i)\rangle = 0\,, \tag{4}$$

$$Mz^0 + q^0 \in S^*\,, \qquad z^0 \in S\,, \qquad \langle z^0, Mz^0 + q^0\rangle = 0\,, \tag{5}$$

$$\langle z^i, Mz^0 + q^0\rangle = 0\,, \qquad \langle z^0, Mz^i + q(\alpha_i)\rangle = 0\,. \tag{6}$$

Proof: As (5) follows from (4) by taking the limit in the latter, only (6) is to be proved. Since $z^i, z^0 \in S$, there exists a matrix $P \in R^{n\times k}$ such that $z^i = Pt^i$, $z^0 = Pt^0$, where $t^i, t^0 \in R^k_+$. This implies that $\{s^i\} = \{t^i/\alpha_i\} \to t^0$. Let $J_1 = \{j \colon t^0_j > 0\}$, $J_2 = \{j \colon t^0_j = 0$ and $s^i_j > 0$ for all sufficiently large $i\}$, and let $J = J_1 \cup J_2$. Now, choose k so large that, for all $i \geqq k$, $s^i_j > 0$ if $j \in J$ and $s^i_j = 0$ if $j \notin J$. Hence also, for $i \geqq k$, $t^i_j > 0$ when $j \in J$ and $t^i_j = 0$ when $j \notin J$. It then follows from the definition of S^* that (6) holds for all $i \geqq k$.

Lemma 2: *Let the infinite sequence $\{x^i\} \subset S$ converge to some vector $u \in S$. Let $x^l, x^r \in \{x^i\}$, and let $z = \mu x^r + \nu u$ for some real constants μ and ν. Then there is an index k and a scalar $\delta_0 > 0$ such that if $l, r \geqq k$ and $0 < \delta \leqq \delta_0$, then $x^l - \delta z \in S$.*

Proof: Let $S = \{Pt \colon t \in R^k_+\}$, and let $x^i = Pt^i$, $u = Pt_0$. Proceeding as in Lemma 1, we can obtain a set J and an index k such that

(i) $j \in J \Rightarrow t^0_j \geqq 0\,, \qquad t^i_j > 0 \quad$ for all $\quad i \geqq k\,,\quad$ and

(ii) $j \notin J \Rightarrow t^0_j = 0\,, \qquad t^i_j = 0 \quad$ for all $\quad i \geqq k\,.$

This implies that there is a $\delta_0 > 0$, as small as necessary, but still positive, satisfying $t^l_j - \delta_0(\mu t^r_j + \nu t^0_j) > 0$ for every $j \in J$. The result of the lemma is then immediate.

3. Boundedness and optimality

Consider the following condition involving B, A, K and L.

Condition 1: $\langle u, B'x + c\rangle \geqq 0$ for every x and u satisfying the system

$$x \in X\,, \qquad u \in K\,, \qquad Au \in L^*\,, \qquad u^\mathsf{T} Bu \leqq 0\,.$$

Theorem 1: *If Condition 1 holds, then the quadratic program (1) has an optimal solution.*

Proof: If the set Ω is bounded, then the desired result follows from Proposition 1. Assume to the contrary that Ω is unbounded Then there is an infinite sequence $\{\alpha_i\} \subset R_+$ with $\alpha_i \to +\infty$, corresponding to which there is a sequence $\{z^i\} = \{[x^i, y^i, \xi^i]^\mathsf{T}\}$ with $z^i \in \bar{\Omega}(\alpha_i)$ such that $(\langle x^i, d_0\rangle + \langle y^i, d^1\rangle + \xi^i) \to +\infty$ as $i \to \infty$. Here d^1 is some vector in int L^*. Let

$\langle x^i, d^0\rangle + \langle y^i, d^1\rangle + \xi^i = \beta_i$,

and then let $u^i = x^i/\beta_i$, $v^i = y^i/\beta_i$, $\eta^i = \xi^i/\beta_i$. Thus we have $\langle u^i, d^0\rangle + \langle v^i, d^1\rangle + \eta^i = 1$, which implies that the sequence $\{[u^i, v^i, \eta^i]^\mathsf{T}\}$ lies in the compact set

$$C = \{[x, y, \xi]^\mathsf{T} \colon x \in K,\, y \in L,\, \xi \in R_+,\, \langle x, d^0\rangle + \langle y, d^1\rangle + \xi = 1\}.$$

Hence there is a subsequence which converges to some $[u, v, \eta]^\mathsf{T}$ in the compact set. For simplicity of notations, we assume that the sequence itself converges to $[u, v, \eta]^\mathsf{T}$. Since $[x^i, y^i, \xi^i]^\mathsf{T}$ is a solution of (α_i, B), it follows from Lemma 1 that there is an index k such that, for every $i \geqq k$, we have

$$\begin{bmatrix} B' & -A^{\mathsf T} & d^0 \\ A & 0 & 0 \\ -d^0 & 0 & 0 \end{bmatrix} \begin{bmatrix} x^i \\ y^i \\ \xi^i \end{bmatrix} + \begin{bmatrix} c \\ -b \\ \alpha_i \end{bmatrix} = \begin{bmatrix} U^i \\ V^i \\ W^i \end{bmatrix}, \quad \begin{bmatrix} x^i \\ y^i \\ \xi^i \end{bmatrix} \in \begin{bmatrix} K \\ L \\ R^+ \end{bmatrix},$$

$$\begin{bmatrix} U^i \\ V^i \\ W^i \end{bmatrix} \in \begin{bmatrix} K^* \\ L^* \\ R_+ \end{bmatrix},$$

$$\langle x^i, U^i \rangle = 0\,, \qquad \langle y^i, V^i \rangle = 0\,, \qquad \langle \xi^i, W^i \rangle = 0; \tag{7}$$

$$\begin{bmatrix} B' & -A^{\mathsf T} & d^0 \\ A & 0 & 0 \\ -d^0 & 0 & 0 \end{bmatrix} \begin{bmatrix} u \\ v \\ \eta \end{bmatrix} + \begin{bmatrix} 0 \\ 0 \\ 1 \end{bmatrix} = \begin{bmatrix} U^0 \\ V^0 \\ W^0 \end{bmatrix}, \quad \begin{bmatrix} u \\ v \\ \eta \end{bmatrix} \in \begin{bmatrix} K \\ L \\ R_+ \end{bmatrix},$$

$$\begin{bmatrix} U^0 \\ V^0 \\ W^0 \end{bmatrix} \in \begin{bmatrix} K^* \\ L^* \\ R_+ \end{bmatrix}$$

$$\langle u, U^0 \rangle = 0\,, \qquad \langle v, V^0 \rangle = 0; \tag{8}$$

$$\langle x^i, U^0 \rangle = 0\,, \qquad \langle y^i, V^0 \rangle = 0\,,$$

$$\langle u, U^i \rangle = 0\,, \qquad \langle v, V^i \rangle = 0\,, \qquad \langle \eta, W^i \rangle = 0\,. \tag{9}$$

From (8), we obtain $u^{\mathsf T} Bu + \langle u, d^0 \rangle \eta = 0$, which implies $u^{\mathsf T} Bu \leqq 0$. Further, from (9), we obtain

$$0 = \langle u, U^i \rangle + \langle y^i, V^0 \rangle = \langle u, B'x^i + c \rangle + \langle u, d^0 \rangle \xi^i\,,$$

which, under Condition 1, implies $\langle u, d_0 \rangle \xi^i = 0$. Hence we have $\xi^i = 0$ for every $i \geqq k$ if $u \neq 0$. We now distinguish two cases.

Case 1: $u = 0$. Since $\langle u, d^0 \rangle + \langle v, d^1 \rangle + \eta = 1$, we must have $[v, \eta]^{\mathsf T} \neq 0$. Choose now any $l \geqq k$, and let $z^l = [x^l, y^l, \xi^l]^{\mathsf T} \in \bar{\Omega}(\alpha_l)$. Using Lemma 2, we can then obtain a $\delta > 0$ such that both $z^1 = [x^l, y^l + \delta v, \xi^l + \delta\eta]^{\mathsf T}$ and $z^2 = [x^l, y^l - \delta v, \xi^l - \delta\eta]^{\mathsf T}$, are in $\Omega(\alpha_l)$. But $z^l = (z^1 + z^2)/2$, which contradicts the hypothesis that $z^l \in \bar{\Omega}(\alpha_l)$.

Case 2: $u \neq 0$. Therefore, $\xi^i = 0$ for every $i \geqq k$. Choose now any two indices r and l such that $r > l \geqq k$ and $\alpha_r = \alpha_l + \nu\langle u, d^0 \rangle$ for some $\nu > 0$. Let $z^l = [x^l, y^l, 0]^{\mathsf T} \in \bar{\Omega}(\alpha_l)$, $z^r = [x^r, y^r, 0]^{\mathsf T} \in \bar{\Omega}(\alpha_r)$. It then follows from Lemma 2 that there is a $\delta > 0$ such that the points

$$z^1 = [(1 - \delta)\, x^r + \delta(x^l + \nu u), \quad (1 - \delta)\, y^r + \delta(y^l + \nu v), 0]^{\mathsf T}$$

and

$$z^2 = [(1 + \delta)\, x^r - \delta(x^l + \nu u), \quad (1 + \delta)\, y^r - \delta(y^l + \nu v), 0]^{\mathsf T}$$

are in $\Omega(\alpha_r)$. This implies $z^r = (z^1 + z^2)/2$, contradicting the fact that z^r is an extreme point. Therefore, we conclude that the set Ω is bounded. This completes the proof of the theorem.

Corollary 1: *$Q(x)$ is bounded below over X if and only if Condition 1 holds.*

Remark 1: Frank and Wolfe [1] showed that a quadratic function bounded below over a polyhedral convex set attains its infimum there. Alternative proofs for this result have been given by many authors [2]. The result presented in Theorem 1 provides an analytical proof for the Frank-Wolfe theorem. Moreover, Corollary 1 implies that either $Q(x)$ attains its infimum on X or is unbounded below on some half-line contained in X.

Let B be positive semidefinite, and let
$D = \{u : u \in K, Au \in L^*\}$.
If $c^{\mathsf T} u \geqq 0$ for all $u \in D$, the Condition 1 holds, because, in this case, $u^{\mathsf T} Bu = 0$ implies $B'u = 0$. This reasoning leads us to the following Corollary. The result of this corollary is an improvement on the theorem of Collatz and Wetterling ([3], p. 320).

Corollary 2: *Let B be positive semidefinite, and let $D = \{u : u \in K, Au \in L^*\}$. If $c^{\mathsf T} u \geqq 0$ for all $u \in D$, then $Q(x)$ attains its infimum on X.*

A dual program to (1) can be written as [4]:

$$\text{Maximize} \quad F(x, y) = -\tfrac{1}{2}\, x^{\mathsf T} Bx + b^{\mathsf T} y\,, \tag{10}$$

$$\text{subject to} \quad B'x - A^{\mathsf T} y + c \in K^*\,, \qquad u \in L\,.$$

A weak duality theorem for the programs (1) and (10) follows from the positive semidefinitiness of B. The following duality theorem then follows from Corollary 2.

Theorem 2: *Let B be positive semidefinite, and let $D = \{u : u \in K, Au \in L^*\}$. Assume that $c^{\mathsf T} u \geqq 0$ for all $u \in D$. If X is nonempty, then both of the programs* (1) *and* (10) *have optimal solutions and the optimal values of $Q(x)$ and $F(x, y)$ are equal.*

Remark 3: If we take $B = 0$, then Theorem 2 yields a strong duality theorem for the linear programming problems over cone domains [4]. We conclude by observing that the results of this note, with minimal changes in the proofs, can be shown to be valid for nonpointed polyhedral cones.

References

1 Frank, M.; Wolfe, P., An algorithm for quadratic programming, Naval Res. Logist. Quart. 3, 95–110 (1956).
2 Perold, A. F., A generalization of the Frank-Wolfe theorem, Math. Programming 18, 215–227 (1980).
3 Collatz, L.; Wetterling, W., Optimization Problems, Springer, Berlin 1975.
4 Abrams, R. A.; Ben-Israel, A., A duality theorem for complex quadratic programming, J. Optimization Theory Appl. 4, 244–252 (1969).

Eingereicht am 12. 2. 1981

Anschriften: Dr. J. Parida, Mrs. K. L. Roy, Department of Mathematics, Regional Engineering College, Rourkela 769008 (Orissa), India

ZAMM 62, 208–210 (1982)

G. S. Brar / R. D. Rowe

Rayleigh's Problem in Magnetohydrodynamics for a Non-Conducting Plate

1. Introduction

The extension of Rayleigh's [1] problem to magnetohydrodynamics with suction is investigated for an infinite porous flat plate started impulsively into motion in its own plane with a constant velocity. The fluid, which is assumed to be of infinite extent, is viscous, incompressible, and electrically conducting, and it is acted upon by a uniform magnetic field perpendicular to the plate. Rossow [2] was the first worker to consider this problem, but as pointed out by Ludford [3] his equations are inexact. Ludford obtained an exact solution for the case of a perfectly conducting plate without suction by means of Laplace transforms; whereas, in this paper, the plate is assumed to be non-conducting. It is found that the effect of suction can also be included if the suction velocity varies as $1/(\text{time})^{1/2}$.

The equations of motion are expanded in a time series, and then this series expansion is solved in terms of hypergeometric functions. It appears that this mathematical approach only works for the boundary conditions that apply for a non-conducting plate. Equations for the velocity and induced magnetic field distributions are obtained for any value of the magnetic Prandtl number and magnitude of the suction velocity. The behaviour of the induced magnetic field with and without suction is examined. An expression for the skin friction is obtained and compared with those of Rayleigh and Ludford for small values of time.

2. Basic Equations

The x-axis is taken to be along the plate in the direction of motion, and the y-axis is perpendicular to it. It is assumed that the flow is independent of distance parallel to the plate. The time dependent equations which describe the hydromagnetic flow for an infinite porous flat plate are

$$\frac{\partial v}{\partial y} = 0\,, \tag{1}$$

$$\frac{\partial u}{\partial t} + v\,\frac{\partial u}{\partial y} = \nu\,\frac{\partial^2 u}{\partial y^2} + \frac{\mu_0 H_0}{\varrho}\,\frac{\partial H_x}{\partial y}\,, \tag{2}$$

$$\frac{\partial H_x}{\partial t} + v\,\frac{\partial H_x}{\partial y} = H_0\,\frac{\partial u}{\partial y} + \frac{\nu}{Pr}\,\frac{\partial^2 H_x}{\partial y^2} \tag{3}$$

where H_x, t, ν, ϱ, μ_0, and $Pr\ (= \sigma\mu_0\nu)$ are respectively the induced magnetic field which is in the x-direction, time, kinematic viscosity, density, magnetic permeability, and magnetic Prandtl number, σ being the electrical conductivity of the fluid. u and v are the velocity components parallel and perpendicular to the plate. From Eq. (1) it is clear that v is a function of time only. Simple solutions are found when the suction speed has the form $v = -C(\nu/t)^{1/2}$, where C is a real positive constant. Substituting $v = -C(\nu/t)^{1/2}$ and $w = H_x(\mu_0/\varrho)^{1/2}$ into Eqs. (2)

and (3) yields

$$\frac{\partial u}{\partial t} - C(\nu/t)^{1/2}\frac{\partial u}{\partial y} = \nu\frac{\partial^2 u}{\partial y^2} + H_0(\mu_0/\varrho)^{1/2}\frac{\partial w}{\partial y}. \tag{4}$$

$$\frac{\partial w}{\partial t} - C(\nu/t)^{1/2}\frac{\partial w}{\partial y} = \frac{\nu}{\mathrm{Pr}}\frac{\partial^2 w}{\partial y^2} + H_0(\mu_0/\varrho)^{1/2}\frac{\partial u}{\partial y}. \tag{5}$$

These two coupled equations are to be solved subject to the following conditions for a non-conducting plate

$$\begin{aligned} &u = 0, \quad w = 0 \quad \text{for} \quad t \leq 0; \\ &\left.\begin{aligned} &u = U_0, \quad w = 0 \quad \text{at} \quad y = 0 \\ &u = 0, \quad w \to 0 \quad \text{as} \quad y \to \infty \end{aligned}\right\} t > 0. \end{aligned} \tag{6}$$

3. Solution

For small values of an interaction parameter, N, where $N^2 = t\mu_0 H_0^2/(\varrho\nu)$ (H_0 is the applied magnetic field), u and w are expanded in ascending powers of N as follows

$$u = U_0 \sum_{n=0}^{\infty} N^n u_n(\eta), \tag{7}$$

$$w = U_0 \sum_{n=0}^{\infty} N^{n+1} w_n(\eta) \tag{8}$$

where the similarity variable $\eta = y/(2[\nu t]^{1/2})$. Now, substituting Eqs. (7) and (8) into Eqs. (4) and (5) and then comparing harmonic terms, neglecting coefficients of N^4 and higher powers of N, we get

$$\begin{aligned} &u_0'' + 2(\eta + C)\,u_0' = 0, \\ &u_1'' + 2(\eta + C)\,u_1' - 2u_1 = 0, \\ &u_2'' + 2(\eta + C)\,u_2' - 4u_2 = -2w_0', \\ &u_3'' + 2(\eta + C)\,u_3' - 6u_3 = -2w_1', \end{aligned} \tag{9}$$

. . . so on for other values

and in the same fashion

$$\begin{aligned} &w_0'' + 2Pr(\eta + C)\,w_0' - 2Prw_0 = -2Pru_0', \\ &w_1'' + 2Pr(\eta + C)\,w_1' - 4Prw_1 = -2Pru_1', \\ &w_2'' + 2Pr(\eta + C)\,w_2' - 6Prw_2 = -2Pru_2', \end{aligned} \tag{10}$$

. . . so on for other values

where the primes denote the differentiation with respect to η. The boundary conditions (Eq. 6) reduce to

$$\begin{aligned} &u_0(0) = 1, \quad u_{r+1}(0) = 0, \quad w_r(0) = 0; \\ &u_r(\infty) \to 0, \quad w_r(\infty) \to 0 \quad (r = 0, 1, 2, \ldots). \end{aligned} \tag{11}$$

The solutions of Eqs. (9) and (10) satisfying the above boundary conditions (Eq. 11) are given in terms of hypergeometric functions as follows

$$\left.\begin{aligned} u_0(\eta) &= \frac{Hh_0(\sqrt{2}\,\xi)}{Hh_0(\sqrt{2}\,C)}, \\ u_1(\eta) &= 0, \\ u_2(\eta) &= \frac{2Pr^{3/2}}{(Pr-1)^2}\,\frac{Hh_1(\sqrt{2}\,C)\,Hh_2(\sqrt{2Pr}\,C)}{Hh_0(\sqrt{2}\,C)\,Hh_1(\sqrt{2Pr}\,C)} \times \\ &\quad \times \left[\frac{Hh_2(\sqrt{2Pr}\,\xi)}{Hh_1(\sqrt{2Pr}\,\xi)} - \frac{Hh_2(\sqrt{2}\,\xi)}{Hh_2(\sqrt{2}\,C)}\right] + \\ &\quad + \left[\frac{Hh_0(\sqrt{2}\,\xi)}{Hh_0(\sqrt{2}\,C)} - \frac{Hh_2(\sqrt{2}\,\xi)}{Hh_2(\sqrt{2}\,C)}\right]\frac{Pr}{Pr-1} \; (Pr \neq 1), \\ u_2(\eta) &= \frac{Hh_{-1}(\sqrt{2}\,C)}{2\,Hh_1(\sqrt{2}\,C)}\left[\frac{Hh_2(\sqrt{2}\,\xi)}{Hh_2(\sqrt{2}\,C)} - \frac{Hh_0(\sqrt{2}\,\xi)}{Hh_0(\sqrt{2}\,C)}\right] - \\ &\quad - \frac{Hh_{-2}(\sqrt{2}\,C)}{4\,Hh_0(\sqrt{2}\,C)}\left[\frac{Hh_2(\sqrt{2}\,\xi)}{Hh_2(\sqrt{2}\,C)} - \frac{Hh_{-2}(\sqrt{2}\,\xi)}{Hh_{-2}(\sqrt{2}\,C)}\right] (Pr = 1), \\ u_3(\eta) &= 0 \end{aligned}\right\} \tag{12}$$

and

$$\left.\begin{aligned} w_0(\eta) &= \frac{\sqrt{2\,Pr}}{(Pr-1)}\,\frac{Hh_1(\sqrt{2}\,C)}{Hh_0(\sqrt{2}\,C)}\left[\frac{Hh_1(\sqrt{2Pr}\,\xi)}{Hh_1(\sqrt{2Pr}\,C)} - \frac{Hh_1(\sqrt{2}\,\xi)}{Hh_1(\sqrt{2}\,C)}\right] \\ &\quad (Pr \neq 1), \\ w_0(\eta) &= \frac{1}{\sqrt{2}}\,\frac{Hh_{-2}(\sqrt{2}\,C)}{Hh_0(\sqrt{2}\,C)}\left[\frac{Hh_1(\sqrt{2}\,\xi)}{Hh_0(\sqrt{2}\,C)} - \frac{Hh_{-1}(\sqrt{2}\,\xi)}{Hh_{-2}(\sqrt{2}\,C)}\right] \\ &\quad (Pr = 1), \\ w_1(\eta) &= 0, \\ w_2(\eta) &= \frac{Hh_3(\sqrt{2Pr}\,\xi)}{Hh_3(\sqrt{2Pr}\,C)}\left[\frac{Hh_3(\sqrt{2}\,\xi)}{Hh_2(\sqrt{2}\,C)} \times \right. \\ &\quad \times \left\{\frac{2\sqrt{2Pr}\,Hh_1(\sqrt{2}\,C)\,Hh_2(\sqrt{2Pr}\,C)}{Hh_0(\sqrt{2}\,C)\,Hh_1(\sqrt{2Pr}\,C)} + \sqrt{2}\right\} - \\ &\quad \left. - \frac{\sqrt{2}\,(3Pr-1)\,Hh_1(\sqrt{2}\,C)}{(Pr-1)\,Hh_0(\sqrt{2}\,C)}\right] - \frac{Hh_3(\sqrt{2}\,\xi)}{Hh_2(\sqrt{2}\,C)} \times \\ &\quad \times \left(\frac{2\sqrt{2Pr}\,Hh_1(\sqrt{2}\,C)\,Hh_2(\sqrt{2Pr}\,C)}{Hh_0(\sqrt{2}\,C)\,Hh_1(\sqrt{2Pr}\,C)} + \sqrt{2}\right) + \\ &\quad + \frac{\sqrt{2}\,(3Pr-1)}{(Pr-1)}\,\frac{Hh_1(\sqrt{2}\,\xi)}{Hh_0(\sqrt{2}\,C)} \; (Pr \neq 1), \\ w_2(\eta) &= Hh_3(\sqrt{2}\,\xi)\left[\frac{Hh_1(\sqrt{2}\,C)}{Hh_2(\sqrt{2}\,C)\,Hh_3(\sqrt{2}\,C)} \times \right. \\ &\quad \times \left(\frac{\sqrt{2}\,Hh_{-2}(\sqrt{2}\,C)}{8Hh_0(\sqrt{2}\,C)} - \frac{\sqrt{2}\,Hh_{-1}(\sqrt{2}\,C)}{4\,Hh_1(\sqrt{2}\,C)}\right) + \\ &\quad \left. + \frac{\sqrt{2}\,Hh_{-1}(\sqrt{2}\,C)\,Hh_{-1}(\sqrt{2}\,C)}{Hh_0(\sqrt{2}\,C)\,Hh_1(\sqrt{2}\,C)\,Hh_3(\sqrt{2}\,C)}\right] + Hh_1(\sqrt{2}\,\xi) \times \\ &\quad \times \left(\frac{\sqrt{2}\,Hh_{-1}(\sqrt{2}\,C)}{4Hh_1(\sqrt{2}\,C)\,Hh_2(\sqrt{2}\,C)} - \frac{\sqrt{2}\,Hh_{-2}(\sqrt{2}\,C)}{8Hh_0(\sqrt{2}\,C)\,Hh_2(\sqrt{2}\,C)}\right) - \\ &\quad - Hh_{-1}(\sqrt{2}\,\xi)\,\frac{\sqrt{2}\,Hh_{-1}(\sqrt{2}\,C)}{8Hh_1(\sqrt{2}\,C)\,Hh_0(\sqrt{2}\,C)} \quad (Pr = 1), \\ w_3(\eta) &= 0 \end{aligned}\right\} \tag{13}$$

where $\xi = (\eta + C)$ and the hypergeometric function $Hh_n(x)$ is defined by (see, for example, Jeffreys and Jeffreys [4])

$$Hh_n(x) = \int_0^{\infty} \frac{t^n}{n!}\exp\left[-(t+x)^2/2\right]\mathrm{d}t = \int_x^{\infty}\frac{(u-x)^n}{n!}\,e^{-u^2/2}\,\mathrm{d}u$$

$$(n \text{ an integer} > 0). \tag{14}$$

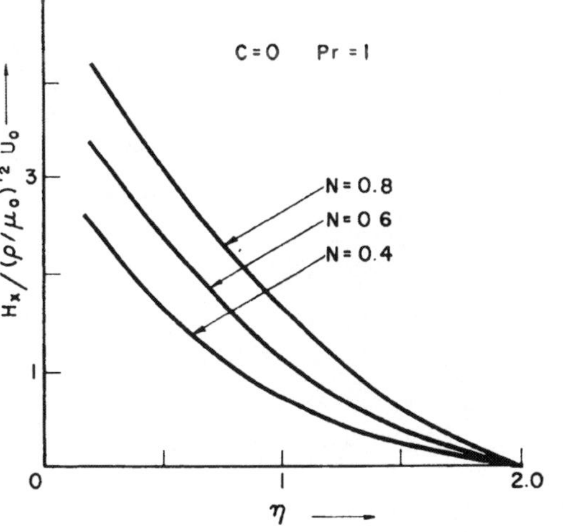

Fig. 1. Induced magnetic field as a function of distance without suction

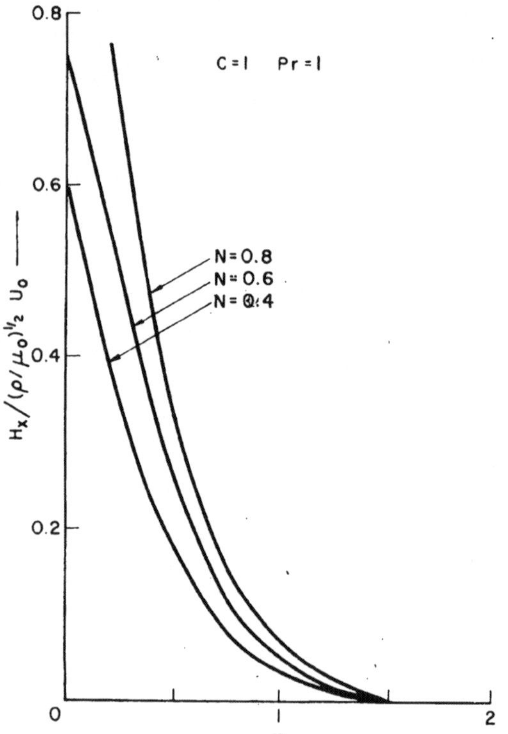

Fig. 2. Induced magnetic field as a function of distance with suction

4. Discussion

The induced magnetic field H_x can be obtained directly from Eqs. (8) and (13) because $H_x = w(\varrho/\mu_0)^{1/2}$. In order to show the typical variation of H_x with distance perpendicular to the plate y, two cases have been calculated both for magnetic PRANDTL number, $Pr = 1$. The first case without suction ($C = 0$) is shown in Fig. 1, and the second case with suction when $C = 1$ is shown in Fig. 2. In both of these figures, dimensionless induced magnetic field $H_x/(U_0[\varrho/\mu_0]^{1/2})$ is plotted as a function of dimensionless distance $\eta = y/(2[\nu t]^{1/2})$ for different values of the interaction parameter (dimensionless time) $N = H_0(\mu_0 t/[\varrho\nu])^{1/2}$. As expected, the magnitude and penetration of the induced magnetic field increases with time. It can be seen by comparing the two figures that H_x is significantly reduced by the addition of a suction velocity $v = -(\nu/t)^{1/2}$ towards the plate ($C = 1$), presumably because this value of v has the same order of magnitude as the speed of diffusion of vorticity away from the plate.

The total shear stress τ is given by the sum of the viscous and MAXWELL stresses [3], i.e.

$$\tau = \varrho\nu \frac{\partial u}{\partial y} + \mu H_0 H_x . \tag{15}$$

$H_x = 0$ at $y = 0$, and thus the shear stress acting upon the plate (wall) is given by

$$\tau_w = -\varrho\nu \left(\frac{\partial u}{\partial y}\right)_{y=0} = -\frac{\varrho\nu}{2\sqrt{\nu t}}\left(\frac{\partial u}{\partial \eta}\right)_{\eta=0} \tag{16}$$

$$= -\varrho U_0 \sqrt{\frac{\nu}{4t}}\,(u_0'(0) + N u_1'(0) + N^2 u_2'(0) + N^3 u_3'(0) + \dots) . \tag{16}$$

For the case of no suction ($C = 0$) and $Pr = 1$, substituting Eq. (12) into Eq. (16) yields

$$\tau_w = \varrho U_0 \sqrt{\frac{\nu}{\pi t}}\left(1 + \frac{3}{8}\cdot\frac{A_0^2}{\nu}t + O(t^2)\right) \tag{17}$$

where the ALFVEN velocity, $A_0 = \sqrt{\mu_0 H_0^2/\varrho}$. This result can be compared with that of RAYLEIGH [1]

$$\tau_w = \varrho U_0 \sqrt{\frac{\nu}{\pi t}} \qquad \text{valid for all } t > 0 \tag{18}$$

and that of LUDFORD for small values of time ($Pr = 1$)

$$\tau_w = \varrho U_0 \sqrt{\frac{\nu}{\pi t}}\left(1 + \frac{3}{4}\cdot\frac{A_0^2}{\nu}t + O(t^2)\right) . \tag{19}$$

It is interesting to note that the first term due to the magnetic field is exactly two times larger for LUDFORD's boundary conditions with a conducting plate than it is for the non-conducting plate considered in this paper.

References

1 RAYLEIGH, Lord; On the motion of solid bodies through the viscous liquid, Phil. Mag., Ser VI 21 (1911), p. 697–711.
2 ROSSOW, V. J.; On flow of electrically conducting fluids over a flat plate in the presence of a transverse magnetic field, NACA Tech. Note 3971 (1957) p. 1–54.
3 LUDFORD, G. S. S.; RAYLEIGH's problem in hydromagnetics: the impulsive motion of a pole-piece, Arch. Rat. Mech. Analys. 3, 14 (1959), p. 1–27.
4 JEFFREYS, H.; JEFFREYS, B., Methods of mathematical physics, Cambridge University Press, Cambridge, 1963 p. 622.

Eingereicht am 10. 3. 1981

Anschrift: RICHARD D. ROWE, Assoc. Prof., GURCHARAN S. BANRAR, University of Calgary, 2500 University Drive N.W., Calgary, Alberta, Canada T2N 1N4

BUCHBESPRECHUNGEN

Isay, W. H., Kavitation. Hamburg, Schiffahrts-Verla „Hansa" C. Schroedter & Co. 1981. 322 S., 166 Abb., DM 40,–. ISBN 3-87700-035-5

Die auf Grund der technologischen Bedeutung des Problems der Kavitation so intensiv betriebene Forschung hat zur Folge, daß über die wesentlichen Teilprozesse des Vorganges: die Keimbildung, das Wachstum und das Zusammenfallen der Blasen und die durch den Übergang von der Ein- zur Mehrphasenströmung bedingten Änderungen des gesamten Strömungsfeldes ein außerordentlich umfangreiches Material vorliegt, dessen Sichtung und systematische Darstellung unter einheitlichen Gesichtspunkten sehr verdienstvoll wäre. Eine solche Aufarbeitung war wohl vom Autor des vorliegenden Buches über Kavitation, das aus Vorlesungsmanuskripten entstanden ist, nicht vorgesehen, denn es wird vorwiegend zu den beiden ersten Teilprozessen eine ausführliche Zusammenstellung bisher erzielter theoretischer Ergebnisse angeboten. Sofern experimentelle Ergebnisse dargestellt werden, dienen sie lediglich dem Vergleich mit bestimmten theoretischen Aussagen. Die Behandlung der strömungsmechanischen Probleme schöpft durchweg aus dem Erkenntnisschatz, der für Einphasenströmungen gewonnen wurde, und bleibt zuweilen, wie etwa im Abschnitt 17 in den Aussagen zur Turbulenz, im Elementaren stecken. Der Einfluß der Mehrphasigkeit wird nur an wenigen Stellen in summarischer Weise erfaßt (etwa durch Modifikation des Zahlenwertes der Schallgeschwindigkeit bei gashaltigem Wasser oder Einführung einer mittleren Dichte u. a.). Das Buch ist ohne eine Kapitelordnung in 31 Abschnitte von der Einführung bis zum Sachverzeichnis gegliedert. Im Anschluß an eine kurze Darstellung der Grundgleichungen der Strömungsphysik und einiger Gleichungen aus der Thermodynamik der Phasengleichgewichte und Lösungen werden die Keimbildung, die Dynamik und Stabilität von Kugelkeimen, die Stabilität von Porenkeimen, die Blasendynamik mit und ohne Temperaturgradienten, die Druckfelder in der Umgebung zusammenfallender Blasen, Wandblasen, die Bewegung von Blasen in der Umgebung von Strömungskörpern, gashaltiges Wasser als thermodynamische Gleichgewichtsströmung, der Einfluß des Gasgehaltes im Wasser auf die Druckverteilung in der Umgebung von Flügelprofilen, der Einfluß der Grenzschicht auf die Kavitation bei Strömungskörpern, der Einfluß der Oberflächenrauhigkeit der Strömungskörper, der Einfluß von Keimgehalt und Sättigungsgrad des Wassers auf den Kavitationseinsatz, die Anwendung der Blasendynamik zur Berechnung der Kavitationserscheinungen an Strömungskörpern, die Behandlung von Teilkavitation an Flügeln mit den Methoden der Profiltheorie, Kavitation in Spitzenwirbeln, Einblick in Probleme bei der Berechnung der Druckverteilung an Propellerflügeln, Flächen und Volumina von Kavitationsbereichen und instationäre Kavitation, Einfluß der Kavitationsvorgänge auf das Druckfeld außerhalb des Kavitationsbereiches, Keimverteilungen im Meerwasser, Maßstabseffekte bei Kavitation und einige Modellversuchsergebnisse im Vergleich zu Originalbeobachtungen abgehandelt. Da alle Fragestellungen gleichberechtigt nebeneinandergestellt werden, fällt eine detaillierte Wertung einzelner Ergebnisse oder die Hervorhebung bestimmter Abschnitte schwer, und der Rezensent kapituliert deshalb auch vor dieser Schwierigkeit. Als Generallinie des Buches erscheint der Zuschnitt der dargestellten Erkenntnisse auf die Belange des Schiffsbaues. Das Bemühen, möglichst lange mit überschaubaren und, wenn möglich, expliziten Beziehungen zu arbeiten, kommt den Bedürfnissen der Studierenden entgegen.

Berlin K. Remke

Müller-Pfeiffer, E., Spectral Theory of Ordinary Differential Operators. Ellis Horwood Series in Mathematics and Its Applications. Chichester, Ellis Horwood Limited 1981. 246. S., £ 16.50. ISBN 0-85312-189-3

Das Buch ist eine theoretisch orientierte Monographie über Spektraltheorie gewöhnlicher selbstadjungierter Differentialoperatoren A gerader Ordnung, insbesondere von singulären Operatoren; es wird der zum Operator A gehörige Differentialausdruck $a|y| = \sum_{k=0}^{n}{}' (-1)^k |a_k(x)\, y^{(k)}|^{(k)}$ in einem Intervall $a < x < b$ der reellen x-Achse mit gegebenen reellwertigen Koeffizienten $a_k(x)$ und $a_n(x) > 0$ zugrunde gelegt. Der Differentialoperator heißt singulär, wenn entweder das Intervall (a, b) nicht beschränkt ist oder mindestens eine der Funktionen $a_n^{-1}(x), a_k(x)$ $(k = 0, 1, \dots, n-1)$ über (a, b) nicht summierbar ist.

Das konzentriert geschriebene Buch gibt einen sehr guten Überblick über die Theorie und setzt vom Leser eine Vertrautheit mit der klassischen Spektraltheorie und funktionalanalytischen Denkweise voraus. Im 1. Kapitel werden grundlegende Begriffe und Sätze, meist ohne Beweis, zusammengestellt, und hierzu gehören auch für selbstadjungierte Operatoren der Darstellungssatz in Integralgestalt mit Hilfe der Spektralschar, sesquilineare Formen und die Theorie der Erweiterungen symmetrischer Operatoren. Auch eine Vertrautheit mit Sobolevschen Räumen wird vom Leser erwartet und im Anhang über Einbettungssätze gesprochen.

Das 2. Kapitel behandelt das „wesentliche Spektrum", insbesondere seine Invarianz gegenüber gewissen Störungen und die Lokalisierung des wesentlichen Spektrums aufgrund des Verhaltens der Koeffizienten, relativ kompakte Störungen und die Existenz isolierter Eigenwerte. Das Spektrum des Operators A ist genau dann diskret, wenn das wesentliche Spektrum leer ist; im 3. Kapitel werden notwendige und hinreichende Bedingungen für Diskretheit des Spektrums aufgestellt und auch schon Operatoren 2. Ordnung und periodische Differentialoperatoren betrachtet. In Kapitel 4 wird der Einfluß der Randbedingungen näher untersucht und insbesondere nach Intervallen der reellen λ-Achse gefragt, die frei von Eigenwerten sind. Kapitel 5 behandelt einen wichtigen Spezialfall von Kapitel 4, den Fall $n = 1$ (Operatoren 2. Ordnung), in welchem die Aussagen von Kapitel 4 verschärft werden können. Als Hilfsmittel für den Beweis der Nichtexistenz von Eigenwerten wird die Skalen-Transformation verwendet und als weiteres Hilfsmittel dienen die Oszillationssätze für Sturm-Liouvillesche Operatoren 2. Ordnung; für spezielle Fälle und in Kapitel 6 werden sehr scharfe Oszillationssätze gewonnen, insbesondere bei der schon von Kneser 1893 untersuchten Gleichung $-y'' + q(x)\, y = 0$, aber auch bei allgemeineren Gleichungen.

Das Buch enthält neue Ergebnisse des Autors und Verallgemeinerungen der Ergebnisse von I. M. Glazmann und gibt einen sehr guten, abgerundeten, allgemeinen Überblick über den gegenwärtigen Stand der Entwicklung auf gewissen Gebieten der Spektraltheorie. Mit Rücksicht auf die Länge des Buches wurden asymptotische Verteilung der Eigenwerte beim diskreten Spektrum, Existenz und Länge von Intervallen beim wesentlichen Spektrum u. a. nicht mehr behandelt. Viele Leser dieser Zeitschrift aber werden es bedauern, daß auch alle Anwendungen aus Physik und Ingenieurwissenschaften (außer dem gelegentlichen Wort „Schrödinger-Gleichung"), alle Beziehungen zur Numerik und auch fast alle konkreten Beispiele, die für den Lernenden wichtig sind, fehlen, aber das könnte in einer späteren Auflage durch eine leichte Vergrößerung des Umfanges berücksichtigt werden, und der Autor würde dann in weiteren Kreisen für seine große Mühe, Sorgfalt und elegante Darstellung verdiente Anerkennung finden.

Hamburg L. Collatz

Glowinski, R., Lectures on Numerical Methods for Non-Linear Variational Problems. Notes by Vijayasundaram Adimurthi, G., Tata Institute Lectures on Mathematics. Berlin-Heidelberg-New York, Springer-Verlag & Bombay, Tata Institute of Fundamental Research 1980. XI, 240 S., DM 18,–. US $ 8.60. ISBN 3-540-08774-5

Dieses Buch ist aus einem Zyklus von 15 Vorlesungen entstanden, die der Verfasser Anfang 1977 am Tata Institut of Fundamental Research Centre, Indian Institute of Science, Bengalore, gehalten hat. Sein Ziel ist es, eine Einführung in das Gebiet der numerischen Lösung nichtlinearer Variationsprobleme zu geben. Die Kapitel I und II sind mit der Approximation (meist mittels finiter Elemente) und der iterativen Lösung elliptischer Variationsungleichungen beschäftigt. Kapitel III bringt die Approximation parabolischer Variationsgleichungen.

In Kapitel IV wird das Konzept der elliptischen Variationsungleichungen zur Lösung nichtlinearer elliptischer Randwertprobleme angewendet.
Kapitel V behandelt die iterative Lösung von Variationsproblemen spezifischer Struktur mittels sogenannter decomposition-coordination Methoden. In Kapitel VI schließlich werden die Ergebnisse der Kapitel I—V zur Berechnung stationärer Überschallströmungen idealer inkompressibler Flüssigkeiten benutzt.

Das Buch ist sehr klar geschrieben. Die eingeführten theoretischen Begriffbildungen werden an Beispielen (meist aus der Kontinuumsmechanik) erläutert. Der Stoff wird durch aufschlußreiche Kommentare und Bemerkungen sowie Übungen ergänzt.
Das Buch kann nicht nur als Einführung in das moderne und wichtige Gebiet der numerischen Lösung von Variationsaufgaben, sondern auch als Grundlage für eine Vorlesung über dieses Gebiet empfohlen werden.

Berlin H. Gajewski

In der DDR beziehbar im Rahmen des Kontingents.

EINGEGANGENE BÜCHER

Bei der Schriftleitung sind folgende Bücher eingegangen (ausführliche Besprechung bleibt vorbehalten).

Dallmann, H. / Elster, K.-H., Einführung in die höhere Mathematik für Naturwissenschaftler und Ingenieure. Band 2. Jena, VEB Gustav Fischer Verlag 1981. 580 S., 160 Abb., M 33,—. Ausland M 43,—. Best.-Nr. 5334020

Morse, M., Selected Papers. Ed. Bott, R.. Berlin-Heidelberg-New York, Springer-Verlag 1981. XLVI, 882 S., 22 Abb., DM 68,—. US $ 32.40. ISBN 3-540-90532-4

Batschelet, E., Einführung in die Mathematik für Biologen. Berlin-Heidelberg-New York, Springer-Verlag 1980. XIII, 557 S., 226 Abb., DM 68,—. US $ 40.00. ISBN 3-540-09633-7

Deutler, T., Schätz- und Testverfahren bei Normalverteilung mit bekanntem Variationskoeffizienten. Berlin-Heidelberg-New York, Springer-Verlag 1981. XIII, 195 S., 27 Abb., DM 70,—. US $ 33.40. ISBN 3-540-10687-1

Eicher, N., Einführung in die Berechnung parametererregter Schwingungen. TUB-Dokumentation Weiterbildung 1. Berlin, TU Berlin 1981. XIV, 413 S., DM 17,—.

Nicolet, F. L. (Hrsg.), Informatik für Ingenieure. Berlin-Heidelberg-New York, Springer-Verlag 1980. X, 187 S., 53 Abb., DM 39,50. US $ 23.30. ISBN 3-540-09669-8

Heidmann, J., Relativistic Cosmology. An Introduction. Berlin-Heidelberg-New York, Springer-Verlag 1980. XV, 168 S., 45 Abb., DM 48,—. US $ 28.30. ISBN 3-540-10138-1

Csiszár, I. / Körner, J., Information Theory. Coding Theorems for Discrete Memoryless Systems. Budapest, Akadémiai Kiadó 1981. X, 452 S., Ft 420,—. ISBN 9630525372

Nemat-Nasser, S. (ed.), Mechanics Today, vol. 6. Oxford-Frankfurt, Pergamon Press 1981. XXII, 204 S., US $ 50.00 ISBN 0080247490

Schwarz, H., Optimale Regelung und Filterung. Reihe Wissenschaft. Braunschweig-Wiesbaden, Vieweg 1981. 129 S., DM 29,80. ISBN 3-528-03071-2

Carr, J., Applications of Centre Manifold Theory. Applied Mathematical Sciences 35. Berlin-Heidelberg-New York, Springer-Verlag 1981. XII, 142 S., DM 32,—. US $ 14.60. ISBN 3-540-90577-4

Steen, L. A. (ed.), Mathematics Tomorrow. Berlin-Heidelberg-New York, Springer-Verlag 1981. VI, 250 S., 14 Abb., DM 39,—. US $ 17.80. ISBN 3-540-90564-2

Gonser, U. (ed.), Mössbauer, Spectroscopy II. The Exotic Side of the Method. Topics in Current Physics 25. Berlin-Heidelberg-New York, Springer-Verlag 1981. XII, 196 S., 67 Abb., DM 62,—. US $ 28.20. ISBN 3-540-10519-0

Ibragimov, I. A. / Has'minskii, R. Z., Statistical Estimation. Asymptotic Theory. Applications of Mathematics 16. Berlin-Heidelberg-New York, Springer-Verlag 1981. VII, 403 S., DM 98,—. US $ 46.70. ISBN 3-540-90523-5 (Translation from the Russian)

Toda, M., Theory of Nonlinear Lattices. Solid-State Sciences 20. Berlin-Heidelberg-New York, Springer-Verlag 1981. X, 205 S., 38 Abb., DM 69,—. US $ 31.40. ISBN 3-540-10224-8

Albrecht, J. / Collatz, L. (Hrsg.), Numerische Behandlung von Differentialgleichungen. Bd. 3. Tagung Clausthal 1980. ISNM 56. Basel-Boston-Stuttgart, Birkhäuser Verlag 1981. 206 S., SFr. 44,—. ISBN 3-7643-1253-X

Glimm, J. / Jaffe, A., Quantum Physics. A Functiona Integral Point of View. Berlin-Heidelberg-New York, Springer-Verlag 1981. XX, 417 S., 43 Abb., DM 62,—. US $ 26.40. ISBN 3-540-90551-0

Doberkat, E.-E., Stochastic Automata: Stability, Nondeterminism, and Prediction. Lecture Notes in Computer Science 113. Berlin-Heidelberg-New York, Springer-Verlag 1981. IX, 135 S., DM 18,—. US $ 8.20. ISBN 3-540-10835-1

CLU — Reference Manual. Liskov, B. / Atkinson, R. / Bloom, T. / Moss. E. / Schaffert, J. C. / Scheifler, R. / Snyder, A., Lecture Notes in Computer Science 114. Berlin-Heidelberg-New York, Springer-Verlag 1981. VIII, 190 S., DM 21,50. US $ 9.80. ISBN 3-540-10836-X

Even, S. / Kariv, O. (eds.), Automata, Languages and Programming. 8th Colloquium, Acre (Akko), July 1981. Lecture Notes in Computer Science 115. Berlin-Heidelberg-New York, Springer-Verlag 1981. VIII, 552 S., DM 49,—. US $ 22.30. ISBN 3-540-10843-2

Casanova,, M. A., The Concurrency Control Problem for Database Systems. Lecture Notes in Computer Science 116. Berlin-Heidelberg-New York, Springer-Verlag 1981. VII, 175 S., DM 21,50. US $ 9.80. ISBN 3-540-10845-9

Gécseg, F. (ed.), Fundamentals of Computation Theory. Lecture Notes in Computer Science 117. Berlin-Heidelberg-New York, Springer-Verlag 1981. XI, 471 S., DM 45,50. US $ 20.70. ISBN 3-540-10854-8

Gruska, J. / Chytil, M. (eds.), Mathematical Foundations of Computer Science 1981. Proceedings, Strbské Pleso, Czechoslovakia. Lecture Notes in Computer Science 118. Berlin-Heidelberg-New York, Springer-Verlag 1981. XI, 589 S., DM 52,—. US $ 23.70. ISBN 3-540-10856-4

Hirst, G., Anaphora in Natural Language Understanding: A Survey. Lecture Notes in Computer Science 119. Berlin-Heidelberg-New York, Springer-Verlag 1981. XIII, 128 S., DM 18,—. US $ 8.20. ISBN 3-540-10858-0.

FSC
www.fsc.org
MIX
Papier | Fördert gute Waldnutzung
FSC® C083411

Kolibri 360 GmbH
Ferdinand-Jühlke-Straße 7
99095 Erfurt, Deutschland
produktsicherheit@kolibri360.de